SABA's KITCHEN
萨巴厨房 ™

诱人的减脂料理

萨巴蒂娜◎主编

中国轻工业出版社

卷首语
我们懒人最聪明

很多人，一辈子都在减肥，也一辈子都在馋嘴。

我是绝对不会亏待自己的嘴巴的。如何化解矛盾？那就动脑子想办法啊，且看我的方法。

我爱吃鸡蛋，也爱吃番茄，每天吃都吃不腻。我会换着花样做番茄与蛋的各种料理，比如番茄炒蛋配煮玉米、番茄鸡蛋魔芋面、番茄鸡蛋疙瘩汤、番茄蛋汤煲老豆腐……好吃死了啊。吃一大锅也没什么罪恶感，又饱腹，又解决馋嘴。

爱吃肉，怎么办？换鸡腿肉啊，鸡腿肉是白肉，热量低、蛋白质丰富，做起来也方便，用不太辣的尖椒炒一大盘，放点大蒜，配我爸爸蒸的窝头，好吃到没话讲。

早餐吃小馄饨，放很多的蛋皮、香菜、紫菜、生菜，10个小馄饨可以装一大碗。还不够饱就带一根香蕉当加餐。早餐我一定会吃，能提供一天所需的热量，保持新陈代谢的稳定。

玉米面和匀，用电饼铛烤成香脆的薄饼，自制沙拉酱拌罐头金枪鱼，香煎鸡胸肉，洋葱切丝，黄瓜切片，都厚厚堆在薄饼上，需要嘴巴张到最大才能吃下去。一大份的薄饼三明治，是我最爱吃的减肥料理，这样的晚餐我不信你吃不饱，而且营养太丰富了。

我们懒人是最聪明的，把爱吃的食材变成清爽可口的减脂料理，而且花样翻新，层出不穷。

一篇文字不足以阐述，请看这本书教给你的方法吧。

萨巴蒂娜
个人公众订阅号

萨巴小传：本名高欣茹。萨巴蒂娜是当时出道写美食书时用的笔名。曾主编过五十多本畅销美食图书，出版过小说《厨子的故事》，美食散文集《美味关系》。现任"萨巴厨房"主编。

敬请关注萨巴新浪微博 www.weibo.com/sabadina

目　录
CONTENTS

容量对照表

1 茶匙固体调料 = 5 克 　　　　 1 茶匙液体调料 = 5 毫升
1/2 茶匙固体调料 = 2.5 克 　　　1/2 茶匙液体调料 = 2.5 毫升
1 汤匙固体调料 = 15 克 　　　　 1 汤匙液体调料 = 15 毫升

初步了解全书 … 008

厨房实用宝典 … 009　　　　　　　烹饪方法及技巧 … 011
　　处理食材的干货贴 … 009　　　　调味料的基础知识 … 013

**第一章
秀色可餐**

菠菜鸡蛋糕
016

秋葵水蒸蛋
018

虾仁蛋饼
020

鲜虾香菇盅
022

鲜虾蛋卷
024

清蒸虾仁丝瓜
026

鲜虾白菜包
028

芦笋龙利鱼饼
030

清蒸巴沙鱼片
032

糙米鸡胸寿司
034

咖喱鸡胸生菜卷
036

鸡胸糙米时蔬饭团
038

七彩越南卷
040

燕麦蛋卷
042

咖喱小米沙拉
044

金枪鱼豆腐沙拉
045

杂菜豆腐饼
046

海鲜豆腐南瓜煲
048

双莓豆腐松糕杯
050

什锦面筋煲
052

彩虹沙拉配花生黄芥末酱汁
053

酸奶紫薯泥
054

全麦紫薯饼
055

五色菠菜卷
056

玉米杂蔬汤
058

第二章
减脂必备

清蒸黄瓜塞肉
060

杏鲍菇煎炒鸡胸肉
062

自制鸡胸火腿
064

改良版蚂蚁上树
066

香煎龙利鱼
068

香菇蒸鳕鱼
070

海鲜藜麦饭
072

牛油果沙拉
074

菠菜粉丝炒鸡蛋
076

香菇伞蒸蛋
078

凉拌豌豆苗
079

可可豆腐团
080

豆腐南瓜羹
082

凉拌手撕杏鲍菇
083

鲜炒双菇
084

蒜泥豇豆
085

咖喱南瓜西葫芦面
086

姜汁菠菜
088

菜花寿司
090

糊塌子
092

香煎魔芋排
094

酸辣魔芋丝
096

咖喱魔芋炒时蔬
098

素炒三鲜
100

五蔬汤
102

第三章
味道诱人

黄焖鸡杂粮饭
104

微波盐酥鸡
106

凉拌鸡丝
108

番茄罗勒炖鸡胸
110

番茄焖鸡胸丸
112

安东鸡
114

清蒸鸡胸白菜卷
116

笋干蒸鸡胸
118

鹰嘴豆鸡胸番茄汤
120

金枪鱼小酥饼
122

三文鱼炒饭
124

番茄豆腐鱼
126

虾仁春笋炒蛋
128

蒸虾饼
130

牛肉豆腐锅
131

牛肉乌冬面
132

番茄酸菜炖牛肉
134

牛肉炖萝卜
136

蚝油芦笋牛肉粒
138

低脂狮子头
140

竹笋老鸭煲
142

番茄烩菜花米
144

鱼香山药
146

三杯杏鲍菇
148

全素罗宋汤
150

第四章
好吃懒做

蔬菜鸡胸肉饼
152

肉末冬瓜汤
154

日式金针菇牛肉卷
155

紫菜蛋炒饭
156

茄丁煎蛋
158

圆白菜烘蛋
160

韭菜虾皮鸡蛋饼
162

黄瓜木耳炒鸡蛋
163

番茄冻豆腐蔬菜汤
164

虾仁豆腐羹
166

海苔豆腐卷
168

砂锅白菜豆腐
169

白灼金针菇
170

无油青椒炒杏鲍菇
172

紫菜香菇杂粮粥
174

脆腌黄瓜
176

香甜三丝
178

香煎秋葵
180

凉拌鲍芹丝
181

酸奶红薯泥
182

菜丝沙拉
184

桂花金橘拌山药
185

土豆沙拉
186

炒茄泥
187

全素莲藕汤
188

初步了解全书

看着名字
就流口水

需要用到的食材一目了
然，要打有准备的仗

美味和健康的秘密，
在这里告诉你

时间、难
易度清楚
明了

参考热量
表，让你
对摄入的
热量心中
有数

详尽直观
的操作步
骤让你简
单上手

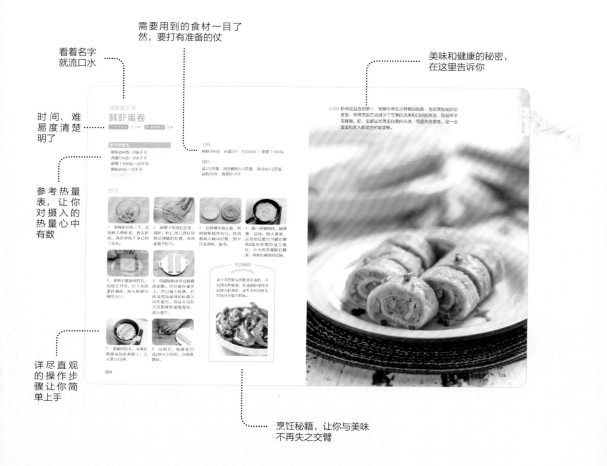

烹饪秘籍，让你与美味
不再失之交臂

为了确保菜谱的可操作性，
本书的每一道菜都经过我们试做、试吃，并且是现场烹饪后直接拍摄的。
本书每道食谱都有步骤图、烹饪秘籍、烹饪难度和烹饪时间的指引，确保你照着图书一步步
操作便可以做出好吃的菜肴。但是具体用量和火候的把握也需要你经验的累积。

处理食材的干货贴

肉类

※ 生肉不要反复冷冻、解冻，把刚买回的肉切成每顿吃得完的大小，吃一顿、拿一块。

※ 冻肉自然解冻是最好的，如果着急，最好用冷水。因为用热水冲泡会损失蛋白质，并且会使肉质变老、变硬。

※ 腌制肉时，在肉片里加入少许醋、酱油和淀粉抓匀，再下锅爆炒会使肉片滑嫩。

※ 炖牛肉的时候可以先整块炖煮，然后再捞出，切小块焖，这样更容易软烂。

※ 炒五花肉时，用油先爆炒一下，再用开水冲洗表面，可以去除80%的脂肪和50%的胆固醇。

※ 炖肉时，肉焯过水后，后续步骤就不要再碰凉水了，否则不容易软烂。在炖的过程中，往锅里放几块橘皮，可减少异味、去油腻，并增加汤的鲜味。

※ 新鲜的猪肝切好后，放置时间太长会影响外观和质量，要尽早下锅。

※ 鸭肉最好切大块煮，这样不容易煮到肉质干柴。

※ 鱼新鲜时，最好用来清蒸，味道更鲜美；如果不是特别新鲜，最好用红烧、酱焖的方式加工。用加有白醋的清水清洗鱼的内腹，可有效去除鱼腥。

※ 活鱼不适合宰杀后马上煮。因为鱼刚死处于僵硬状态，如果马上烹调，蛋白质凝固，不易溶于汤中，鱼肉也不鲜嫩。

※ 超市卖的冻龙利鱼、鳕鱼、三文鱼买回来后，等到半解冻状态就可以进行烹调了，不用完全解冻，不然容易碎掉。

※ 蒸鱼时要沸水上锅，这样可以保持鱼肉的鲜嫩。

※ 鱼要在油里煎过后再煮才会煮出奶白色的汤，而且要双面煎。

※ 炒菜要遵循以下顺序：最难熟的先下锅，可以生吃的最后放。

※ 拌凉菜时，想要绿色蔬菜保持颜色，需要在汆烫的沸水中加少许盐或油，然后马上过一下凉水，这样会使蔬菜保持翠绿、爽口。此外，凉拌素菜调味时通常都会用到生抽。

※ 干煸、炒菜里面的辣椒提前泡一下，可以防止炒煳，而且色泽更好。

※ 炒茄子时，往锅里加点醋或者柠檬汁，炒出来的茄子不变黑。

※ 炸茄子时，外层裹上薄薄一层干面粉再炸，这样处理的茄子不吸油还容易熟。

※ 丝瓜遇到高温会变黑，炒制的时候加点白醋可以改善这个问题。

※ 煮西蓝花时，水里加少许醋，煮出来的西蓝花口感更脆；水里加盐，煮出来的就比较软烂。

※ 大白菜的叶柄要顺着纹理切，这样切味道好而且容易熟，维生素流失也少。

※ 蒸饭时往锅里放点油，可以让大米粒粒分明，放点料酒可以让米饭更香。

※ 不小心把米饭蒸软了，可以在饭上盖一块干净的棉布，盖一会儿，米就变硬了。

※ 不小心把米饭蒸硬了，可以在米饭里用筷子扎几个小孔，

注入适量开水再焖一会儿。

※ 煮米饭之前最好先将米泡1小时，煮出的米饭口感更好。

※ 米饭煮煳了，只要把一根长葱插进饭锅里，盖上锅盖，一会儿就没有煳味了。

※ 煮带青菜的粥时，要在米彻底熟的时候再放盐、味精、胡椒粉，最后放生的青菜。煮粥最合适的水米比例是8：1。

※ 煮面时，在锅中的水即将烧开时放入干挂面，挂面熟得快。水煮干面条不能用旺火，否则面条外表粉质受热糊化，会使水变稠发黏，也容易煳锅。

※ 发酵温度超过30℃，发酵的面团就会发黏。

炒

生炒也叫火边炒，以不挂糊的原料为主。炒制时将主料放到有油的锅里，炒到五六成熟，再放入配菜，然后加入调味料，迅速翻炒几下，断生就可以。

生炒的特点是汤汁很少，原料鲜嫩易成熟。代表菜：酸辣土豆丝。

要注意，如果原料切得比较大，可在炒时加入少许高汤或清水，用水的温度使原料均匀受热成熟。额外加水时，必须确保已经把原料本身的水分炒干，这样才能使原料均匀入味。

熟炒一般是先把大块的原料加工成半熟或全熟，然后改刀切成片或块等，放入锅内略炒，再依次加入辅料、调味品和少许汤汁，翻炒几下即成。

熟炒菜的特点是略带卤汁、酥脆入味。代表菜：回锅肉。

要注意，熟炒的原料大都不挂糊，要出锅时一般用水淀粉勾薄芡。如果已经加过豆瓣酱或甜面酱等调料的，就不需要再勾芡了。

软炒也叫滑炒。烹制时先将主料处理成形，然后用调味品调味，再加蛋清和淀粉挂糊，放入五成热的温油锅中，边炒边使油温增加，炒到约九成热时出锅；再炒配料，待配料快熟时，放入主料同炒几下。可调入卤汁，最后加少许水淀粉勾薄芡出锅。

软炒菜的特点是在蛋清和淀粉的保护下，食材非常嫩滑可口。代表菜：鱼香肉丝。

要注意，在主料下锅后，必须使主料快速散开，防止主料挂糊粘连成块。然后使油温慢慢上升至主料成熟。

干炒也叫干煸，用不挂糊的小型原料，经调味品腌制后，放入八成热的油锅中迅速翻炒，炒到外面焦黄时，再加配料及调味品（大多包括带有辣味的豆瓣酱、花椒粉、胡椒粉等）同炒几下，待全部卤汁被主料吸收后，即可出锅。

干炒菜的特点是干香、酥脆、略带麻辣。代表菜：干煸鳝丝。

要注意，炒菜时菜的全部卤汁被主料吸收后，才可出锅。

炖

不隔水的炖

不隔水炖法是将原料在开水内烫去血污和腥膻气味，再放入陶制的器皿内，加葱、姜、酒等调味品和水，加盖，直接放在火上烹制。烹制时，先用大火煮沸，撇去浮沫，再移至小火上炖至酥烂。

炖煮的时长可根据原料的性质而定，一般为两三个小时。

隔水的炖

隔水炖法是将原料在沸水内烫去腥污后，放入瓷制或陶制的钵内，加葱、姜、酒等调味品与汤汁，用锡纸封口，将钵放入煮锅内，锅口里的水要低于钵口，保证水沸也进不到钵内为宜。盖紧锅盖，以大火保持锅内的水不断滚沸，炖大约3小时。

这种炖法可使原料的鲜香味不易散失，制成的菜肴香鲜味足、汤汁清澄。也有的把装好原料的密封钵放在沸滚的蒸笼上蒸炖的，其效果与不隔水炖基本相同，但因蒸炖的温度较高，必须掌握好蒸的时间。蒸的时间不足，原料可能会不熟并少鲜香味道；蒸的时间过长，也会使原料过于熟烂和散失鲜香滋味。

煮

煮挂面

不要等水沸后再下面，当锅里有小气泡往上冒时就下面，搅动几下，盖上盖煮沸，水沸后加适量凉水，盖上锅盖，再次煮沸就熟了。这样煮的挂面柔软而且汤清。

煮饺子

俗话说"敞锅煮皮，盖锅煮馅"。煮饺子时先敞开锅煮，保持水温在100℃左右，由于水的沸腾作用，饺子不停地转动，皮熟得均匀，不容易破；皮熟后，再盖上锅盖，使温度上升，煮到馅熟就可以了。

煮稀饭

煮稀饭最使人头痛的是开锅后米汁容易溢出锅外，解决办法是往锅里滴几滴香油，然后把火稍微调小一点儿。

煮牛奶

牛奶不要用小火煮，否则维生素容易跟空气发生氧化作用而被破坏。应选择用大火煮。如果是煮鲜牛奶，牛奶沸腾后要马上离火，稍凉几秒后再放到火上煮沸，再离火、再煮沸，这样反复三四次，不仅能保持牛奶中的营养，而且还能有效地杀灭牛奶中的细菌。

煮鸡蛋

煮鸡蛋，尤其是新鲜的鸡蛋，不容易剥壳。可先将鸡蛋放在冷水里浸湿，再放进沸水里煮，这样蛋壳不易破裂，也更容易剥。

煮肉

用大火煮、过早放盐、中途加冷水，都是让肉不容易煮烂的行为。使肉容易成熟又软烂的方法：在锅里放几颗山楂或几片萝卜；或者用纱布包一小撮茶叶，放入锅中与肉同煮。

调味料的基础知识

 液体调味料 ·

醋　米酒/料酒　酱油

香油　蚝油

酱油

有咸味和颜色，可以使菜品入味，更能增加食物的色泽。适合用做红烧及制作卤味。区分生活中常见的酱油：生抽的颜色较浅，酱味较浅，咸味较重，较鲜，多用于调味提鲜；老抽的颜色较深，酱味浓郁，鲜味较低，一般用于给菜肴上色。

蚝油

本身很咸，主要作用是提鲜增味，如果不小心加多了，可以加一点糖中和其咸度。

香油

菜肴起锅前淋上，可增加香味。腌制食物时，也可加一点，增添香味。

米酒/料酒

烹调鱼、肉类时添加少许酒，可去除腥味。

醋

乌醋不宜久煮，在出锅前加入即可，以免香味散去。白醋稍微多煮一会儿可使酸味变淡。

固体调味料

小苏打粉　味精　面粉

盐　酵母粉

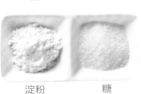

淀粉　糖

盐
烹调时最重要的调味料。其渗透力强，适合腌制食物，但需注意腌制时间与用量。每人每天推荐的盐摄入量为不超过6克。

糖
红烧及卤菜中用少许糖炒糖色，可增添菜肴鲜味及色泽，但应注意火候，过火容易有苦味。

味精
可增添食物的鲜味，尤其是在做汤时加入最适合，但也要少摄入。

酵母粉
做发面类食物时，和到面里，在比较温暖的环境中发酵，可增加成品的膨胀感，使面食松软多孔。

面粉
分为高筋、中筋、低筋三种。

高筋面粉比较适合做面包类的发酵产品；中筋面粉就是平时使用的面粉，适合做中式面点，例如包子、饺子、面条等；低筋面粉适合做西式蛋糕、饼干、曲奇、挞皮等。

淀粉
是芡粉的一种，将它与水混合制成水淀粉，用于菜品勾芡，可使汤汁浓稠；炸制食物时作为沾粉可增加食物脆感；还可以在上浆时使用，保持食物嫩滑。

小苏打粉
腌制肉类时加入适量小苏打，可使肉质变得松软滑嫩。

酱料

辣豆瓣酱　辣椒酱　甜面酱

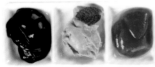

XO酱　芝麻酱　番茄酱

辣椒酱
红辣椒磨成的酱，呈赤红色黏稠状，又称辣酱。可增添辣味，并增加菜肴色泽。

甜面酱
本身味咸，用油小火炒过可去除酱酸味。也可用水稀释，加少许糖调味，味道也很好。

辣豆瓣酱
以豆瓣酱调味过的菜肴，不需要再加入太多酱油，以免菜肴过咸。一般在使用时会用油先煸炒一下，这样的辣酱色泽和味道都会比较好。

芝麻酱
本身较干，可以用冷水或冷高汤调稀，多用于凉菜，或作为火锅基础料碟。

番茄酱
常用于茄汁、糖醋等风味菜肴，以增添菜肴酸甜味和增加菜肴色泽。

XO酱
大部分是由诸多海鲜精华浓缩而成，适用于各种海鲜类料理。

第一章
秀色可餐

资深颜控?
拍照狂魔?
来一波赏心悦目的
高颜值料理

健康就要多吃菜
菠菜鸡蛋糕

🕐 烹饪时间 25分钟　　🍳 难易程度 简单

参考热量表

鸡蛋150克···216千卡
菠菜100克···28千卡
香葱20克···5千卡
淀粉30克···104千卡
合计353千卡

主料

鸡蛋3个（约150克）· 菠菜100克

辅料

香葱20克 · 盐1/2茶匙 · 淀粉30克

做法

1　菠菜、香葱洗净；鸡蛋在碗中打散；将淀粉与100毫升清水混合制成水淀粉备用。

2　烧一锅水，水开后放入菠菜焯水，待菠菜稍微变软时捞出。

3　菠菜捞出后冲凉水，挤干水分后切成约1厘米长的小段；香葱切碎。

4　把切好的菠菜和香葱以及水淀粉和盐放入蛋液中轻轻搅匀。

5　准备一个长方形容器，倒入调好的蛋液，用勺子将蛋液表面的泡泡撇去，保证液面平整。

6　准备蒸锅，水开后将容器放入蒸锅内，大火蒸10分钟，若容器比较深，可以多蒸几分钟。

烹饪秘籍

如果觉得单吃没什么味道，可以用生抽、醋、香油、少许盐和白糖调一个蘸汁。喜欢吃辣的可以倒点辣椒油，或者放少许蒜蓉也是不错的选择。

7　10分钟后，关火取出容器，用手托着鸡蛋糕反扣容器，慢慢将鸡蛋糕脱模取出。

8　将鸡蛋糕切成约2厘米厚的片就可以了。

黄绿相间的颜色，让人第一眼看上去就很有食欲，菠菜的清爽也让这份鸡蛋糕吃起来一点也不腻口。鸡蛋是懒人和馋嘴们应该常备的食材，也是蛋白质的优质来源；菠菜能帮助肠道蠕动，促进代谢。这样的美味，当然不用担心多吃会发胖。

一碗会开花的蛋
秋葵水蒸蛋

🕐 **烹饪时间** 30分钟　　🍳 **难易程度** 简单

参考热量表

鸡蛋150克…216千卡

秋葵20克…5千卡

合计221千卡

主料

鸡蛋3个（约150克）· 秋葵20克

辅料

盐1/2茶匙 · 生抽1/2茶匙 · 香油2滴 · 葱花少许

做法

1　将秋葵洗净，去掉两端，切成3毫米的薄片。

2　鸡蛋磕入碗中，用筷子快速打散。

3　在打好的蛋液里加盐和200毫升纯净水，用筷子调匀，静置15分钟。

4　15分钟后，将切好的秋葵片轻轻摆放在静置的蛋液表面，然后盖上盖子或在碗口蒙上保鲜膜。

5　蒸锅内烧水，水沸后轻轻将装有蛋液的碗转移到蒸屉上，中大火蒸7分钟，7分钟后关火继续闷2分钟，中途不要开盖。

6　取出蒸蛋，按照个人口味淋上香油和生抽，撒葱花点缀，秋葵水蒸蛋就做好了。

烹饪秘籍

这道菜成功的关键就是静置，要想蛋液更加细腻，可以将打散的蛋液过一遍筛。

从来没有见过如此貌美的蒸蛋，这简直是一件艺术品。鸡蛋作为早餐主角，不仅烹制方法简单、容易成熟，而且能给人体提供优质蛋白质，改善记忆力，唤醒每一个清晨。好看、简单又营养的秋葵水蒸蛋真是早餐之光。

美味营养一手抓

虾仁蛋饼

🕐 烹饪时间 30分钟　　🍲 难易程度 中等

参考热量表

虾仁100克…48千卡

鸡蛋150克…216千卡

土豆150克…122千卡

胡萝卜50克…16千卡

西蓝花70克…25千卡

合计427千卡

主料

虾仁100克·鸡蛋3个（约150克）·土豆150克
胡萝卜50克·西蓝花70克

辅料

橄榄油1/2茶匙·盐1/2茶匙·黑胡椒粉1/2茶匙

做法

1　胡萝卜、土豆洗净后削皮，切成5毫米的厚片，放入蒸锅内蒸熟。

2　将西蓝花洗净后切成小朵，入沸水中焯熟，捞出后过一下凉水，控干水分。

3　虾仁用清水冲洗一下，挑去虾线，再次冲洗后控干水分备用。

4　煎锅内倒入少许橄榄油，放入虾仁，小火煎熟盛出。

5　鸡蛋在碗中打散，放入胡萝卜片、土豆片、西蓝花、虾仁混合均匀，加入盐和黑胡椒粉再次搅匀。

6　煎锅烧热后倒入橄榄油，调小火，留一小部分蛋液，将其余蛋液倒入锅中，轻轻晃动煎锅使蛋液平铺在锅内。

7　待蛋饼慢慢成形后，轻轻转动蛋饼并翻面，分别翘起蛋饼的两边，将剩余蛋液倒入蛋饼下面，轻轻晃动直至表面金黄。

8　如果拿不准是否成熟，可以多翻几次，最后盛出，切角即可享用。

烹饪秘籍

虾仁可以整个放进去，也可以切成小块后放进去，切小块比较容易翻面。

黄灿灿的鸡蛋和爽滑弹牙的虾仁，再加上新鲜的蔬菜，就诞生了这道虾仁蛋饼。鸡蛋富含维生素、矿物质和蛋白质，虾仁富含能够保护心血管系统的镁元素。荤素搭配出的这道菜营养均衡、口感鲜嫩蓬松，吃起来既健康又过瘾。

鲜虾香菇盅

🕐 烹饪时间 40分钟　　✍ 难易程度 简单

主料

鲜香菇100克·鲜虾仁150克·荸荠30克
胡萝卜30克

辅料

黄酒少许·盐1/2茶匙·白胡椒粉1茶匙
淀粉10克·香葱5克

参考热量表

鲜香菇100克…26千卡
鲜虾仁150克…72千卡
荸荠30克…18千卡
胡萝卜30克…10千卡
淀粉10克…35千卡
合计161千卡

做法

1　鲜香菇洗净，擦干水分后去掉菇柄，使香菇呈小碗状，留两个比较嫩的菇柄做馅用。

2　鲜虾仁冲洗一下，挑出虾线，再次清洗后控干水分，剁成虾肉泥；胡萝卜、荸荠去皮后与菇柄、香葱分别切碎备用。

3　虾肉泥放碗中，加入黄酒（去腥）、盐和白胡椒粉，朝一个方向搅打均匀。

4　再加入胡萝卜碎、荸荠碎、菇柄碎，同样沿刚才的方向搅打上劲，把调好的馅嵌入香菇内静置10分钟。

5　静置的同时在蒸锅内加水，将水煮沸，把香菇摆在盘中，沸水上锅，大火蒸6分钟。

6　蒸好后取出盘子，这时盘子里面有许多蒸出来的汤汁，把香菇盅取出摆到新的盘子中；将淀粉与80毫升清水混合制成水淀粉备用。

7　剩下的汤汁倒入炒锅内，开小火加热，尝一下味道，可以加入适量盐调味，再倒入水淀粉勾薄芡，等芡汁冒小泡后关火。

8　最后把芡汁淋在蒸好的鲜虾香菇盅上，撒上少许香葱碎装饰即可。

烹饪秘籍

加入荸荠是为了增加口感层次，如果没有，可以选择比较嫩的莲藕或竹笋；加入胡萝卜是为了美观，也可以换成青豆等色彩鲜艳的食材。

粉嫩的虾仁搭配脆爽的荸荠和热情的胡萝卜，端坐在圆鼓鼓的香菇上面。香菇是集高蛋白、低脂肪、多糖和多种维生素于一身的菌类食物，常吃香菇能提高自身免疫力，防癌抗癌。这么健康、美味又精致的食物当然要经常吃喽。

鲜虾蛋卷

⏱ **烹饪时间** 35分钟　　👨‍🍳 **难易程度** 简单

参考热量表

鲜虾200克…186千卡
鸡蛋150克…216千卡
胡萝卜100克…32千卡
面粉20克…72千卡
合计506千卡

主料

鲜虾200克 · 鸡蛋3个（约150克）· 胡萝卜100克

辅料

盐1/2茶匙 · 黑胡椒粉1/2茶匙 · 食用油1/2茶匙
面粉20克 · 香葱碎少许

做法

1　将鲜虾冲洗一下，去除虾头和虾皮，挑去虾线，再次冲洗干净后控干水分。

2　胡萝卜洗净后去皮，剁碎；虾仁用刀背轻轻剁成细腻的虾蓉，将两者混合均匀。

3　往虾蓉中加入盐、黑胡椒粉搅拌均匀。将鸡蛋磕入碗中打散，加少许盐调味，备用。

4　取一煎锅烧热，刷薄薄一层油，倒入蛋液，以晃动后能均匀铺在锅底2毫米厚度的量为最佳，小火煎至凝固后翻面，两面均凝固后出锅。

5　将所有蛋液煎好后，切成正方形，切下来的蛋饼剁碎，掺入虾蓉中搅拌均匀。

6　用面粉和水拌成黏稠的面糊，轻轻刷在蛋饼上，然后铺上虾蓉，目的是增加蛋饼和虾蓉之间的黏性，用卷寿司的方法把鲜虾蛋卷卷好，放入盘中。

烹饪秘籍

剥下来的虾头和虾皮不要扔，可以用来炸虾油，炸出的虾油也可以掺入虾蓉中，或者平时凉拌菜时加少许提升鲜味。

7　蒸锅内加水，水沸后把蛋卷放到蒸屉上，大火蒸10分钟。

8　出锅后，将蛋卷切成2厘米长的段，点缀香葱碎。

虾肉泥混合胡萝卜，粉嫩中带着点鲜艳的颜色，包在黄灿灿的蛋皮里，采用蒸的方法减少了营养的流失和口感的改变，吃起来非常鲜嫩。虾、蛋都是优质蛋白质的来源，而且热量很低，是一道宝宝和老人都适合的健康餐。

乍见之欢不如久吃不厌

清蒸虾仁丝瓜

⏱ **烹饪时间** 15分钟　🍳 **难易程度** 简单

参考热量表

活虾200克…170千卡

丝瓜200克…40千卡

蒜蓉20克…26千卡

合计236千卡

主料

活虾200克 · 丝瓜200克

辅料

蒜蓉20克 · 香葱碎3克 · 美极鲜酱油2茶匙
盐1/2茶匙

做法

1　丝瓜洗净后去皮，横向切成2厘米长的小段，铺于盘子中。

2　活虾冲洗干净后，剥去虾头和虾皮，挑去虾线后再次冲洗干净备用。

3　用小勺子取蒜蓉铺在丝瓜段上，最后把虾仁放在蒜蓉上。

4　取美极鲜酱油与盐调成酱汁，浇在虾仁上，酱汁的量要能浸透蒜蓉，流一点儿在丝瓜上为最佳。

5　蒸锅内烧水，水沸后放入装有食材的盘子，中大火隔水蒸五六分钟。

6　出锅后撒香葱碎装饰即可。

烹饪秘籍

因为虾仁和丝瓜很容易成熟，所以蒸制时间不宜过长。

颜色青红搭配，清新怡人。用清蒸的方法激发出食材本身的鲜甜。丝瓜是季节性比较强的蔬菜，当季吃是最合适的了。丝瓜可以淡化色斑，保护肠胃，清理肠道垃圾，是夏天里不可错过的美味。

暖胃也暖心
鲜虾白菜包

🕐 **烹饪时间** 25分钟　🍲 **难易程度** 简单

参考热量表

嫩白菜叶100克…20千卡
虾仁100克…48千卡
鸡蛋100克…144千卡
胡萝卜50克…16千卡
豌豆30克…32千卡
海带丝20克…3千卡
合计263千卡

主料

嫩白菜叶100克 · 虾仁100克 · 鸡蛋2个（约100克）

辅料

胡萝卜50克 · 豌豆30克 · 海带丝20克 · 食用油适量
盐1/2茶匙 · 番茄沙司30毫升 · 水淀粉50毫升

做法

1　烧一锅开水，将洗净的嫩白菜叶放入水中焯软捞出，沥干水分。

2　虾仁冲洗后挑出虾线，再次冲洗后切小丁；鸡蛋磕入碗中打散备用。

3　胡萝卜洗净、去皮后切豌豆大小的丁，与豌豆和海带丝一起在沸水中焯一下，捞出过凉。

4　炒锅烧热后放入适量油，倒入蛋液，用筷子滑散，放入虾仁丁翻炒至变色，放入胡萝卜和豌豆，加盐调味，盛出。

5　在干净的案板上铺一片焯过水的白菜叶，把炒好的馅料放入白菜叶中，用海带丝扎紧。

6　包好的鲜虾白菜包放入碗中，放于蒸屉内，沸水入锅，大火蒸2分钟。

烹饪秘籍

如果没有海带丝，可以用焯过水的香菜或韭菜系菜包，实在没有也可以把菜包包成方正的形状，封口压在下面即可。

7　另起炒锅，开小火，将番茄沙司炒至冒小泡后倒入水淀粉，快速搅匀至黏稠状，关火。

8　将炒好的芡汁浇在蒸好的鲜虾白菜包上就可以享用啦。

俗话说"冬日白菜美如笋"。冬季里常出现在北方人餐桌上的白菜，可不仅仅是因为它抗冻，还因为它富含膳食纤维，可以养胃排毒、通畅肠道。嫩黄微透的白菜包裹着三鲜食材，在锅气中慢慢柔软，食材之间相互交融，暖胃也暖心。

咸鲜软嫩，营养美味

芦笋龙利鱼饼

⏲ 烹饪时间 45分钟　🍳 难易程度 中等

参考热量表

龙利鱼柳400克…208千卡
芦笋80克…18千卡
红甜椒50克…9千卡
蛋清30克…18千卡
合计253千卡

主料

龙利鱼柳400克 · 芦笋80克 · 红甜椒50克

辅料

白胡椒粉1/2茶匙 · 蛋清30克 · 盐1/2茶匙
淀粉1/2茶匙 · 食用油1/2茶匙

做法

1　将龙利鱼柳洗净后剔除白色的筋膜，铺在干净的案板上，用刀背轻轻地剁成鱼蓉，剁到很细腻为止。

2　鱼蓉剁好后放进干燥的盆或大碗中，往鱼蓉中加白胡椒粉、蛋清、盐和淀粉。

3　用筷子沿同一个方向搅，搅到有点起胶了就准备直接用手搅。

4　洗干净手后，按刚刚筷子搅打的方向从盆底抄起鱼蓉摔打到全部起胶，约5分钟。

5　烧一锅热水，芦笋洗净后放入沸水中，看到芦笋变色后就捞出，用凉水冲凉。

6　将凉透的芦笋切成碎粒，洗好的红甜椒也切碎，加进鱼蓉里，用筷子继续按相同的方向搅打10分钟。

7　手上蘸点水，挖起一团鱼蓉捏成圆形或直接拍成饼形，放在干净的盘子上。煎锅烧热后刷薄薄一层油，把鱼饼放进去小火煎至两面金黄即可。

— 烹饪秘籍 —

鱼蓉一定要搅打上劲至起胶才可以，否则煎制过程中容易散，口感也不好。

小火慢慢煎成的芦笋龙利鱼饼，是集营养与美味于一身的菜肴。龙利鱼高蛋白、低脂肪，对眼睛有很好的保健作用；芦笋是有助于减脂的高营养食材。这样咸鲜软嫩、营养美味的食物自然是人见人爱了。

肤若凝脂
清蒸巴沙鱼片

⏱ **烹饪时间** 25分钟　🍲 **难易程度** 简单

参考热量表

巴沙鱼片400克···329千卡
合计329千卡

主料

巴沙鱼片400克

辅料

葱10克·生姜10克·小米辣5克·盐1/2茶匙
香油1/2茶匙·蒸鱼豉油2茶匙·香葱碎少许

做法

1 巴沙鱼片冲洗干净后剔除白色的筋膜，控干水分，在鱼身上撒上盐，摆在盘中备用。

2 葱、姜、小米辣洗净，姜去皮、切丝，葱切丝，小米辣切小片。

3 在鱼身上依次铺上姜丝、葱丝和小米辣片。

4 最上面淋少许香油，用耐高温保鲜膜把鱼片盖住。

5 蒸锅内烧水，水沸后放入鱼片，大火蒸7分钟，然后关火闷8分钟。

6 最后打开锅盖，轻轻取掉保鲜膜，淋上蒸鱼豉油，撒上少许香葱碎点缀即可。

烹饪秘籍

鱼肉上一定要封上耐高温保鲜膜，这样可以保证最上面的一片鱼肉也是嫩的，否则一打开锅盖很容易风干，影响口感。

细腻软嫩的巴沙鱼安静地躺在盘中，看起来像少女的肌肤，晶莹
剔透、吹弹可破，上面点缀着少许小米辣，为整道菜平添生机。
巴沙鱼作为经济又好吃的淡水鱼，含钙量丰富，减脂期间吃它，
满足馋嘴的同时也不用担心会长肉。

米糙菜不糙

糙米鸡胸寿司

（🕐烹饪时间）60分钟　（🍳难易程度）简单

主料

鸡胸肉200克·糙米100克·大米100克·海苔10克
生菜叶30克·黄瓜50克·胡萝卜50克

辅料

黑胡椒粉1/2茶匙·生抽2茶匙·淀粉1茶匙
食用油1/2茶匙

做法

参考热量表

鸡胸肉200克…266千卡
糙米100克…348千卡
大米100克…346千卡
海苔10克…27千卡
生菜叶30克…4千卡
黄瓜50克…8千卡
胡萝卜50克…16千卡
合计1015千卡

1　糙米比较硬，洗净后，要加入没过米的水浸泡3小时以上，也可以提前一夜泡好。

2　鸡胸肉洗净后沥干，顺着纹理切成小指粗细的长条，放入碗中，加入黑胡椒粉和生抽调味，放淀粉、少许油抓匀，封上保鲜膜，入冰箱冷藏一夜。

3　将浸泡好的糙米淘洗一下，和淘好的大米一起倒入电饭煲，拌匀，按照米和水1∶1的比例倒入清水，按下平时蒸饭的按键蒸制糙米饭。

4　蒸饭时，把生菜叶洗净、沥干；黄瓜和胡萝卜洗净、去皮，切成笔心粗细的长条。不想吃生的胡萝卜可以用水焯一下。

5　煎锅烧热，刷上薄薄一层油，开小火，摆入腌好的鸡胸肉，一面上色后翻另一面，鸡胸肉很容易熟，煎至两面金黄就可以了。

6　将海苔铺在竹帘上，盛出糙米饭，轻轻拍散后平铺在海苔上，前段留出1.5厘米左右的空，这样容易包紧。

7　将生菜叶、黄瓜条、胡萝卜条、鸡胸肉在糙米饭上集中摆好，用竹帘将寿司卷好，要卷紧，这样切的时候不容易散开。

8　最后用蘸过热水的刀切成2厘米左右的小段即可，可以盛盘，也可以装进便当。

> 烹饪秘籍
>
> 如果一次做得比较多，可以用保鲜膜封起来，储存在冰箱里，但不要留太久哦。

可爱又好吃的寿司有谁不爱呢？可是传统的白米寿司的高热量让人望而生畏。而这道糙米鸡胸寿司完全不会给你压力。糙米是肥胖人士的好朋友，它的热量很低，能有效调节新陈代谢，还能改善内分泌异常、贫血、便秘等状况。这样的寿司当然更受大家的喜爱。

减脂也能吃咖喱

咖喱鸡胸生菜卷

🕐 烹饪时间 20分钟　　🍳 难易程度 简单

参考热量表

鸡胸肉300克…399千卡

球生菜100克…12千卡

红甜椒30克…5千卡

芹菜20克…3千卡

咖喱粉10克…34千卡

合计453千卡

主料

鸡胸肉300克·球生菜100克

辅料

红甜椒30克·芹菜20克·食用油1/2茶匙
酱油2茶匙·咖喱粉2茶匙·盐1/2茶匙
黑胡椒粉1/2茶匙·甜辣酱1茶匙

做法

1　鸡胸肉洗净后控干水分，顺着纹理切成约10厘米长、1厘米粗的条。

2　将所有蔬菜洗净，球生菜去除比较厚的叶柄，沥干水分；红甜椒、芹菜切5厘米长的细丝。

3　取炒锅，烧热后加入食用油，开小火，放入红甜椒丝和芹菜丝，倒入酱油，炒至食材变软后盛出备用。

4　将鸡胸肉条放入锅内，小火翻炒至变色，加入咖喱粉、盐、黑胡椒粉炒匀，使调料均匀包裹在鸡肉上。

5　向锅内倒入一小杯水，盖上锅盖，焖半分钟后关火盛出，这样可以使鸡胸肉更嫩。

6　把炒好的菜丝和鸡胸肉一起铺在生菜上，挤上少许甜辣酱，卷起来就可以吃啦。

烹饪秘籍

这道菜因为放了味道比较重的咖喱，所以不用提前腌制鸡胸肉；甜辣酱可以根据个人口味换成别的酱，或者不加也可以。

咖喱是极少数以主角身份被写进歌里的调味品。咖喱搭配上减脂增肌的鸡胸肉，不仅富含蛋白质，还能促进新陈代谢，让人多吃几口也无负担。

做个精致的瘦子
鸡胸糙米时蔬饭团

⏱ 烹饪时间 80分钟　　🍳 难易程度 简单

参考热量表

糙米200克…696千卡
鸡胸肉200克…266千卡
菠菜100克…28千卡
鸡蛋50克…72千卡
红甜椒30克…5千卡
酸黄瓜20克…5千卡
合计1072千卡

主料

糙米200克 · 鸡胸肉200克 · 菠菜100克

辅料

鸡蛋50克 · 红甜椒30克 · 酸黄瓜20克 · 生抽1/2茶匙
黑胡椒粉1/2茶匙 · 香油1/2茶匙 · 盐1/2茶匙
熟白芝麻少许

做法

1 糙米提前泡一夜，第二天淘洗干净后蒸熟，放凉后拌入香油和盐备用，这一步是防止米饭粘连并增加味道。

2 鸡胸肉洗净后擦干水分，顺着纹理切成细长条，再切成1厘米见方的丁，放入生抽和黑胡椒粉，抓匀后腌10分钟。

3 将鸡蛋打散，放一点点清水和盐；烧热煎锅，锅内放少许香油，小火煎成薄薄的鸡蛋饼，放凉后切碎。

4 接着把鸡胸肉放入煎锅，小火慢慢煎至金黄，盛出后晾凉备用。

5 菠菜择洗净，烧一锅开水，水沸后放入菠菜，翻搅几下捞出，过凉水，挤干水分后切碎备用。

6 将红甜椒和酸黄瓜洗净，控干水分后，分别切成红甜椒丁（黄豆大小）和酸黄瓜碎。

7 所有食材晾凉后，放在一个大碗里充分搅拌均匀，尝尝味道，不够咸再放些盐。

8 最后，戴上手套抓一把混合好的食材捏成圆团就可以了，也可以撒些芝麻装饰。

烹饪秘籍

做饭团的油是香油而不是普通的植物油，因为饭团的加工和储藏环境都是低温的，香油比其他植物油或动物油的凝固点都要低，低温环境下不容易凝固，可以最大限度保证饭团的口感。

单看原料就知道是健身减脂的食物。为了便于携带，我们把它做成饭团。糙米比精米更容易让人产生饱腹感，可以在无形之中控制饭量；鸡胸肉是公认的减脂食材，辅之补充维生素的菠菜，让人边吃边瘦。

美到不忍下口

七彩越南卷

🕐 烹饪时间 25分钟　　🍳 难易程度 简单

参考热量表

越南春卷皮20克…67千卡

彩色甜椒40克…7千卡

生菜80克…10千卡

草莓40克…13千卡

猕猴桃50克…30千卡

新鲜小芒果200克…70千卡

花生酱30克…180千卡

合计377千卡

主料

越南春卷皮20克·彩色甜椒40克·生菜80克
草莓40克·猕猴桃50克

辅料

新鲜小芒果200克·花生酱2汤匙·盐1/2茶匙
柠檬30克·蒜5克·蚝油1汤匙

做法

1　所有的蔬菜水果洗净后控干水分，再切成适合包入春卷的形状备用。

2　制作芒果蘸酱：芒果去皮、去核，混合辅料中的其他材料一起放进料理机打碎成糊，放进冰箱冷藏。

3　取一个干净的比春卷皮略大的盘子，擦干水分后倒入烧开晾凉的温水，取一片春卷皮，浸入温水中约5秒。

4　取出春卷皮，平铺在案板上，铺一层保鲜膜，把切好的蔬菜水果码放在春卷皮上。

5　放好食材后，将春卷皮像卷寿司一样卷起一半，然后将左右两头折进去，卷完剩余部分，最后取出蘸着芒果酱就可以吃了。

烹饪秘籍

1. 制作春卷时要保持所有食材和器具的洁净，最好戴上手套制作。

2. 卷好的春卷不要挨着放，会粘在一起；也不要在空气中放置太久，容易风干变硬。

晶莹剔透的越南春卷皮将各色蔬菜和新鲜水果拥入怀中，诞生了这道生机满满的治愈系美食。春卷皮可以把各种自己喜欢的蔬果任意搭配包裹起来，光是摆在盘子里，心情都会变好。

与众不同的蛋卷

燕麦蛋卷

🕐 烹饪时间 25分钟　　🍳 难易程度 中等

参考热量表

即食燕麦100克…338千卡
鸡蛋液150克…216千卡
低筋面粉30克…96千卡
火腿100克…330千卡
生菜250克…30千卡
合计1010千卡

主料

即食燕麦100克·鸡蛋3个（约150克）
低筋面粉30克

辅料

火腿100克·生菜250克·橄榄油1/2茶匙
盐1茶匙

做法

1 将即食燕麦放入一个干净的大碗中，一次性加入300毫升开水，让其吸饱水分。

2 燕麦片充分吸水后，继续向碗中加入打散的蛋液、低筋面粉、盐，充分搅匀后静置5分钟。

3 火腿撕去包装后切成长条或丝，生菜洗净后控干水分备用。

4 取煎锅，锅热后刷一层橄榄油，转小火，倒入适量燕麦糊，立即均匀摊开形成薄薄的一层，燕麦糊比较黏稠，最好用锅铲铺平。

5 观察到燕麦饼的表面开始凝固时，将其翻过来，煎至两面金黄后取出。

6 将燕麦饼铺在干净的案板上，放上适量火腿和生菜。

烹饪秘籍

1. 可以用脱脂热牛奶代替热水，做出来的蛋卷更香浓。
2. 如果燕麦糊太稠，可以加一点牛奶或热水，这样卷的时候不容易干裂；或者将调配好的燕麦糊在料理机中搅打一下，这样做出的燕麦饼更加细腻。

7 用卷寿司的方法将蛋卷卷紧，静置一会儿，使其充分粘合。

8 刀洗净后蘸热水，将燕麦卷切成2厘米长的段，装盘即可。

金黄色的蛋皮、翠绿的生菜和粉嫩的火腿，卷得整整齐齐，让人看一眼就忘不掉。燕麦可以降低胆固醇、降糖、减脂、补钙……这么高颜值又健康的食物，当然更受减脂人士的喜爱了。

咖喱小米沙拉

🕐 烹饪时间 35分钟　　📖 难易程度 简单

🥄 如果觉得吃减脂料理太无聊，不妨试试这道主食沙拉。咖喱搭配新鲜的蔬菜和脆脆的坚果，和小米软糯的口感相辅相成。这是一道饱腹感强、热量又不高的主食沙拉。在享受美食的同时，迎接更加完美的自己。

主料

小米150克·豌豆30克·红甜椒50克
白洋葱50克

辅料

葡萄干15克·烤过的腰果10克
咖喱粉2茶匙·橄榄油1茶匙
柠檬汁2茶匙·盐1/2茶匙

做法

1　小米淘洗干净后煮熟，小米和水的比例大概为3：2（水量比煮饭少、比蒸饭多）。

2　将豌豆、红甜椒、白洋葱洗净，切成红甜椒丝和白洋葱粒，葡萄干和腰果稍微冲洗一下，马上擦去水分。

3　将煮好的小米沥去多余水分，与第2步中切配好的食材混合搅匀。

4　最后将咖喱粉、橄榄油、柠檬汁和盐按照个人口味酌量添加即可。

参考热量表

小米150克···542千卡
豌豆30克···33千卡
红甜椒50克···9千卡
白洋葱50克···20千卡
合计604千卡

烹饪秘籍

国产小米没有北非小米（Couscous）口感好，如果条件允许，可以去超市买一些北非小米来制作这款沙拉。北非小米不用煮，可直接用热水泡熟，更加省事。

人见人爱的沙拉
金枪鱼豆腐沙拉

🕐 烹饪时间 12分钟　　🥄 难易程度 简单

🍴 越简单的加工方法越能保留食材的原汁原味。金枪鱼富含不饱和脂肪酸，豆腐是优质蛋白质的来源。这道好吃、简单又健康的沙拉，在减脂期间能够改善身体状况，当然人见人爱。

主料
北豆腐300克·水浸金枪鱼罐头250克

辅料
柠檬汁1茶匙·香葱碎10克
洋葱碎4克·酸黄瓜碎20克
美极鲜酱油2茶匙·白醋2茶匙
黑胡椒1/2茶匙·橄榄油1茶匙

参考热量表
北豆腐300克…348千卡
水浸金枪鱼罐头250克…213千卡
香葱碎10克…3千卡
酸黄瓜碎20克…5千卡
合计569千卡

烹饪秘籍
因为热的豆腐容易引起鱼腥味，所以推荐直接使用冷藏的盒装豆腐，或者焯一下水后放凉再用也可以。

做法

1 把北豆腐从盒中取出，在清水中轻轻冲洗一下，控干水分。

2 取一个干净的大碗，将辅料中的所有材料混合均匀。

3 取出金枪鱼，轻轻冲洗一下，擦干表面水分，放入调好酱料的大碗中，将鱼肉打散，和所有调味料拌匀。

4 把控干水分的北豆腐用手捏碎，拌到金枪鱼里就可以了，用来抹吐司、做沙拉、拌面都很好吃。

一口软到心底

杂菜豆腐饼

🕐 烹饪时间 25分钟　🍲 难易程度 简单

参考热量表

北豆腐300克…348千卡

鸡蛋50克…72千卡

胡萝卜80克…26千卡

茼蒿50克…12千卡

面粉50克…181千卡

虾皮20克…31千卡

合计670千卡

主料

北豆腐300克·鸡蛋1个（约50克）·胡萝卜80克
茼蒿50克

辅料

面粉50克·虾皮20克·盐1/2茶匙·食用油1/2茶匙

做法

1　将胡萝卜和茼蒿洗净，沥干后剁碎；北豆腐冲洗一下，擦去表面水分，放入大碗中，用手抓碎。

2　把茼蒿碎和胡萝卜碎加入抓好的豆腐中继续抓匀。

3　再磕入鸡蛋，放入面粉和虾皮抓匀，根据情况加入盐，因为虾皮本身就是咸的。

4　取一把杂菜豆腐，先揉成团，再压成饼的形状，放在干净的盘子上备用。

5　取煎锅，锅烧热后加入适量油，轻轻放入杂菜豆腐饼，缓慢推动旋转。

6　小火慢煎至一面完全定形，再翻面煎另一面，直至两面金黄就可以了。

烹饪秘籍

杂菜豆腐饼里加的东西都很随意，可以选择自己喜欢的青菜和肉类。

圆圆的、金黄色的豆腐饼整整齐齐地摆在盘子里，咬一口，外酥里嫩，带来一整天的好心情。豆腐加上鸡蛋、虾皮和蔬菜，营养成分更加丰富。可以提前一晚把所有食材弄好，第二天早上用几分钟的时间煎一下，就可以享受美味了。

海鲜豆腐南瓜煲

⏱ 烹饪时间 35分钟　　🍴 难易程度 中等

参考热量表

南瓜500克…115千卡

嫩豆腐100克…87千卡

鲜虾60克…51千卡

蛤蜊100克…62千卡

火腿40克…132千卡

合计447千卡

主料

南瓜500克·嫩豆腐100克·鲜虾60克
蛤蜊100克·火腿40克

辅料

香葱2根·盐1/2茶匙

做法

1　南瓜洗净后去皮，切成小方块；嫩豆腐切成1.5厘米见方的小块；香葱洗净后分开葱白和葱绿，分别切长段和碎末；火腿切成黄豆大小的小粒。

2　虾去头、去壳，挑去虾线后再次冲洗干净；蛤蜊吐沙后刷洗干净。

3　将南瓜块和清水放入大碗中，封上保鲜膜，蒸锅内烧水，水沸后放入南瓜蒸5分钟至南瓜软烂。

4　将南瓜和蒸南瓜的水一起倒入砂锅中，用勺子将南瓜捣碎，如果水不够可以再加一些。

5　把豆腐块倒入砂锅中，开火煮沸，要经常搅动一下以免煳锅。

6　煮沸后放入蛤蜊和葱白段，盖上盖子，小火煮2分钟。

7　开盖观察蛤蜊都打开了，放入虾仁和盐，搅动一下，盖上锅盖，小火焖煮半分钟。

8　关火，撒上火腿粒和葱末，一道金光闪闪的海鲜豆腐南瓜煲就做好了。

烹饪秘籍

盐不要放太多，南瓜本身是甜的，加太多盐会影响味道。

看起来就很温暖的一道汤煲，小小的砂锅中包含了鲜虾和蛤蜊的鲜味、南瓜的清甜、豆腐的滑嫩。南瓜富含维生素和果胶，可以清除体内垃圾，让整个人的气色好很多；豆腐和海鲜可以提供优质蛋白质。这是一道减脂期间的黄金菜肴。

双莓豆腐松糕杯

🕐 **烹饪时间** 15分钟　　🍲 **难易程度** 简单

参考热量表

内酯豆腐300克…150千卡
草莓100克…32千卡
蓝莓30克…17千卡
果酱50克…52千卡
合计251千卡

主料

内酯豆腐300克・草莓100克・蓝莓30克

辅料

果酱50克・薄荷叶1片

做法

1　将内酯豆腐轻轻冲洗后控一下水分，放在厨房纸上，否则放入容器内会出水。

2　把草莓和蓝莓洗净，控干水分后将草莓一切为二或一切为四。

3　把控干水分的豆腐放入食品级塑料袋中捏成糊状，不用倒出。

4　将玻璃杯洗净后擦干，在装有内酯豆腐糊的塑料袋下方的一个角上剪一个缺口，直接把豆腐糊挤入玻璃杯中。

5　一层豆腐一层果酱，一层豆腐一层水果，按照个人的喜好摆放，顶部是水果。

6　最后放上薄荷叶装饰就完成了。

烹饪秘籍

内酯豆腐可以和牛奶、酸奶、奶粉混合打成糊，这样味道会更好一些，如果怕热量高也可以直接吃，味道也是不错的；夏天放到冰箱冷藏，完胜冰激凌。

这是一道能打动女孩子的甜品，不仅有美美的外观，热量也很低。草莓和蓝莓本身就是大家都很喜欢的水果，加上口感软嫩、细腻的内酯豆腐，这么健康又颜值爆表的低卡甜品，完全可以取代冰激凌。

天气一变凉就想要吃热乎的，煲一锅解馋的什锦面筋煲吧。竹笋、山药和白菜都可以帮助肠胃消化，胡萝卜和西蓝花都是美容减脂的食材。温润的汤汁不油不腻，混合时蔬的香气，一口下肚，解馋又满足。

解馋又满足

什锦面筋煲

⏱ 烹饪时间　15分钟　　🍳 难易程度　简单

主料

油面筋20克 · 鲜竹笋80克
山药80克 · 胡萝卜80克 · 嫩白菜叶80克
西蓝花80克 · 香葱末少许

辅料

盐1/2茶匙

参考热量表

油面筋20克…98千卡

鲜竹笋80克…18千卡

山药80克…46千卡

胡萝卜80克…26千卡

嫩白菜叶80克…16千卡

西蓝花80克…29千卡

合计233千卡

做法

1 鲜竹笋、山药、胡萝卜洗净后去皮，切滚刀块。

2 嫩白菜叶、西蓝花洗净后掰成小块。

3 取一砂锅，加适量水煮沸，先放入不容易成熟的竹笋、山药和胡萝卜，盖上锅盖，大火煮8分钟。

4 8分钟后放入西蓝花和嫩白菜叶，油面筋用手捏一下之后放入，转小火煲5分钟，最后加适量盐调味，点缀香葱碎。

烹饪秘籍

也可以在锅内加入粉丝或意面一起煲，这样就可以做主食吃了。

尝尝彩虹的味道

彩虹沙拉配
花生黄芥末酱汁

🕐 烹饪时间 15分钟　🍳 难易程度 简单

🍴 维生素 C 超高的羽衣甘蓝脆脆的，吃完之后整个人会感觉身体轻松、特别有精力；柔软且热量很低的菜花饱腹感很强，处于减脂期的朋友可以多吃一些。酸甜咸鲜的酱汁包裹着坚果和蔬菜，一口下去，别提多满足了。

主料

羽衣甘蓝80克・小番茄80克
胡萝卜80克・紫甘蓝80克
白菜花80克・混合坚果30克

辅料

花生酱1汤匙・橄榄油2茶匙
柠檬汁1汤匙・水20毫升
盐1/2茶匙・黑胡椒1/2茶匙
黄芥末酱10克・蒜末5克・蜂蜜1茶匙

参考热量表

羽衣甘蓝80克…26千卡
小番茄80克…20千卡
胡萝卜80克…26千卡
紫甘蓝80克…20千卡
白菜花80克…16千卡
混合坚果30克…152千卡
合计260千卡

烹饪秘籍

酱汁的浓稠度可以通过调节水的量来控制。

做法

1 将所有蔬菜洗净，羽衣甘蓝切小片，小番茄一切为二，胡萝卜去皮、切细丝，紫甘蓝切细丝，白菜花切成小朵。

2 烧一锅热水，分别把羽衣甘蓝焯水5分钟、白菜花焯2分钟。

3 把焯好的食材过一下凉水，控干水分后和坚果放到同一个大碗中，再放入其他蔬菜。

4 将辅料的全部材料拌匀，做成花生黄芥末酱，将酱汁和蔬菜一拌就可以开吃了。

高颜值小食
酸奶紫薯泥

(🕐 烹饪时间) 20分钟　(🍲 难易程度) 简单

软糯的紫薯尚有余温，淋上清爽可口的酸奶，补充了日常所需的膳食纤维和蛋白质，而且饱腹感极强，在改善肠胃功能的同时还可以控制饭量。紫薯细腻绵密的口感中夹杂着坚果的香脆，好看、好吃又好玩。

主料
紫薯300克 · 酸奶100毫升

辅料
牛奶50毫升 · 蜂蜜5毫升
混合坚果30克

做法

1 紫薯洗净后放入蒸锅，大火蒸10分钟，蒸熟后取出去皮，切小块。

2 将切好的紫薯放在一个干净的大碗中，加入牛奶和蜂蜜，用勺子捣成泥，牛奶最好分次加，不要太稀。

3 将坚果切碎，加入紫薯泥中搅拌均匀，放入模具中按压结实，可以放入冰箱中冷藏一下。

4 吃的时候从冰箱中取出，脱模，淋上酸奶就可以享用了。

参考热量表

紫薯300克…318千卡
酸奶100毫升…72千卡
牛奶50毫升…27千卡
蜂蜜5毫升…16千卡
混合坚果30克…152千卡
合计585千卡

烹饪秘籍

往模具里放紫薯泥的时候可以先铺一层保鲜膜，这样脱模的时候直接揪住保鲜膜就可以了，还不会破坏形状。

好评多多的减脂小食
全麦紫薯饼

🕐 **烹饪时间** 35分钟　🍴 **难易程度** 简单

📖 软糯弹牙的紫薯饼好评多多，备受大家喜爱。减脂期间要控制油和糖的摄入，外面买的可没有担保，不如自己动手做。把精面换成全麦面粉，去掉糖、油，加入醇香的牛奶。这样的紫薯饼不仅好吃，又不容易长肉，赶快学起来吧。

主料

紫薯200克·全麦面粉约100克（视紫薯的干燥情况调整用量）

辅料

牛奶适量（视紫薯的干燥情况调整用量）

参考热量表

紫薯200克…212千卡
全麦面粉100克…352千卡
合计564千卡

烹饪秘籍

紫薯饼压好后也可以煎着吃，但为了减脂，最好还是选择蒸着吃，而且蒸出来的口感比油煎的好很多哦。

做法

1 紫薯洗净后蒸熟，去皮，用叉子或勺子压成紫薯泥。

2 加入全麦面粉搅拌成团，最好的状态是有一点点干、不粘手，如果觉得太干捏不成团，可以加少许水或牛奶。

3 分成适当大小的剂子，搓圆，压成饼，或用模具压成各种卡通形象，放在蒸屉上，蒸屉上可铺粽叶或油纸防止粘连。

4 直接冷水上锅，蒸15分钟即可，可以直接用电磁炉蒸，放凉后再吃，口感会更加弹牙。

五色菠菜卷

⏱ **烹饪时间** 80分钟　🍴 **难易程度** 复杂

参考热量表

鸡腿肉200克…362千卡
生菜叶40克…6千卡
面粉100克…362千卡
菠菜20克…6千卡
紫甘蓝30克…8千卡
胡萝卜30克…10千卡
番茄30克…5千卡

合计759千卡

主料

鸡腿肉200克·生菜叶40克·面粉100克·菠菜20克
紫甘蓝30克·胡萝卜30克·番茄30克

辅料

料酒1汤匙·老抽2茶匙·蚝油1茶匙
黑胡椒粉1/2茶匙·白糖1茶匙

做法

1 将所有食材洗净。生菜叶一撕为二；菠菜切大段；紫甘蓝切丝；胡萝卜去皮、切丝；番茄切片。

2 将菠菜放入榨汁机，加适量清水，打成菠菜汁，滤去残渣备用。

3 取2/3的菠菜汁煮沸，在干净的盆中放入面粉，将热菠菜汁一点一点加入面粉中搅拌，最后加入剩下的1/3，和好面团，盖上保鲜膜，醒20分钟。

4 鸡腿肉清洗干净后控干水分，切条，倒入料酒抓匀，腌制15分钟。

5 菠菜面团醒好后，揪成大小相近的面团，用擀面杖擀成薄薄的圆饼。

6 用煎锅或电饼铛烙饼，小火烙熟一面后翻面，再将另一面烙熟。

7 起炒锅，烧热后放入老抽、蚝油、黑胡椒粉和白糖，小火搅至起泡，放入鸡腿肉，小火慢慢煎熟。

8 最后将蔬菜和鸡腿肉按个人喜好铺在菠菜饼上，卷起来就完成了。

烹饪秘籍

鸡腿肉是根据照烧鸡腿的方法处理的，如果嫌麻烦，可以买现成的奥尔良鸡腿，味道也不错。

色彩鲜艳的食物总能吸引眼球，这道菠菜卷就是绿色的饼皮加多种食材做成的。自己榨的菠菜汁和面，绿色纯天然，含有丰富的膳食纤维，可以改善减脂期间容易出现的便秘现象。

整道菜混合了果菜、茎菜、根菜、花菜还有菌菇。清甜的玉米可促进肠胃蠕动，软糯的山药可帮助消化，爽口的西蓝花热量极低，鲜香的香菇可美容养颜……只加一点香油和盐调味，扑鼻的清香让人神清气爽。

清香扑鼻

玉米杂蔬汤

⏱ 烹饪时间 70分钟　🍴 难易程度 简单

主料

甜玉米100克·山药60克·土豆60克
胡萝卜60克·西蓝花60克
黄豆芽60克·鲜香菇60克

辅料

盐1/2茶匙·香油2滴

参考热量表

甜玉米100克…107千卡

山药60克…34千卡

土豆60克…49千卡

胡萝卜60克…19千卡

西蓝花60克…22千卡

黄豆芽60克…28千卡

鲜香菇60克…16千卡

合计275千卡

做法

1　所有食材洗净。玉米切段；山药、土豆、胡萝卜去皮，切滚刀块；西蓝花切小朵；鲜香菇一切为二或四。

2　烧一锅热水，水沸后向锅内加少量盐，将西蓝花焯一下，捞出后过凉备用。

3　取一砂锅，用黄豆芽铺底，加满水，盖上盖子，大火煮沸后转小火煮20分钟。

烹饪秘籍

小火慢煲会使食材的味道相互渗透、相互融合，如果不着急可以多煲一会儿。

4　放入玉米，中小火煮30分钟。

5　放入山药、土豆、胡萝卜，中小火烧20分钟至熟透。

6　最后加入西蓝花和香菇，烧5~10分钟，加盐和香油调味即可。

第二章
减脂必备

吃糖怕胖？
吃肉怕肥？
减脂必备的
低卡美味了解一下

肉肉无罪，健康美味

清蒸黄瓜塞肉

🕐 烹饪时间 25分钟　🍳 难易程度 简单

参考热量表

黄瓜150克…24千卡

猪肉泥100克…143千卡

蛋清30克…18千卡

玉米粒、豌豆、胡萝卜粒50克…
66千卡

合计251卡

主料

黄瓜150克·猪肉泥100克

辅料

蛋清30克·玉米粒、豌豆、胡萝卜粒共50克
料酒2茶匙·盐1/2茶匙·味极鲜酱油1/2茶匙

做法

1 把猪肉泥放在干净的碗中，加入蛋清、料酒和盐，用三根筷子顺时针搅匀，腌制15分钟。

2 将玉米粒、豌豆和胡萝卜粒洗净后擦干水分，混入肉馅中搅拌均匀。

3 黄瓜洗净后去皮，用刨皮刀由上到下刨成长长的黄瓜薄片。

4 取一半黄瓜片由一侧卷起，像卷纸巾一样卷成黄瓜花，然后用牙签横穿固定。

5 另一半黄瓜片卷成空心的圆柱卷，把准备好的肉馅塞进去。

6 取一蒸锅，水沸后把卷有肉馅的黄瓜卷摆在蒸屉中，蒸制20分钟。

烹饪秘籍

蒸的菜一定要趁热吃，否则容易变得干硬，影响口感。

7 20分钟后关火，取出黄瓜卷，和黄瓜花一起摆放在盘中。

8 最后往每个有肉的黄瓜卷上滴少许味极鲜酱油就可以了。

这是一道没有用油的菜，在更健康的同时并没有丢掉好味道。黄瓜是很好的"肠道清道夫"，可以帮我们排出肠内垃圾。这道菜可以生熟混合一起吃，口感很是惊艳。

燃烧我的卡路里

杏鲍菇煎炒鸡胸肉

🕐 烹饪时间 15分钟　　🍳 难易程度 简单

参考热量表

鸡胸肉200克…266千卡
杏鲍菇100克…35千卡
合计301千卡

主料

鸡胸肉200克·杏鲍菇100克

辅料

盐1/2茶匙·黑胡椒粉1/2茶匙·食用油1/2茶匙
淀粉8克·香葱碎少许

做法

1　鸡胸肉洗净后控干水分，顺着纹理切成长条，放在碗中。

2　向碗中加入盐、黑胡椒粉、食用油和淀粉抓匀，腌制10分钟。

3　杏鲍菇洗净，切圆薄片备用。

4　起一炒锅，烧热后倒入少许油，油微热后倒入鸡胸肉条，小火翻炒至金黄。

5　再放入切好的杏鲍菇片，加入一点清水，盖上锅盖焖1分钟。

6　1分钟后，再加入少许盐和黑胡椒粉调味，即可出锅，可撒少许香葱碎点缀。

烹饪秘籍

加水焖1分钟的目的是让杏鲍菇成熟，同时也会使鸡胸肉变嫩，肉质不那么柴。

减脂期间如何控制每日热量的摄入？吃外卖肯定是不行的！这道看起来有一点"寡淡"的杏鲍菇煎炒鸡胸可以帮助没时间、没技巧的小白们找到最佳方案。制作简单，而且味道绝对不会像看起来的那样苍白。减脂的小伙伴们还不快试一下？

健康低脂零添加
自制鸡胸火腿

🕐 烹饪时间 200分钟   🍳 难易程度 中等

参考热量表

鸡胸肉400克…532千卡
合计532千卡

主料

鸡胸肉400克

辅料

盐1茶匙·白糖1茶匙·小米辣、豉油各少许

做法

1 鸡胸肉洗净后，仔细剔除筋膜和油脂，擦干表面水分。

2 在鸡胸肉上均匀涂抹盐和白糖，轻轻按摩后放入冰箱中冷藏一晚上。

3 第二天取出后，用流水冲洗干净表面的糖分和盐分，擦干备用。

4 在桌面上铺一层保鲜膜，把鸡胸肉放在保鲜膜上铺平，卷成直径4厘米左右的肉肠状。

5 将两端用棉线扎紧，再用保鲜膜包几层，全部包好后装入密封袋，抽成真空封好。

6 烧一大锅水，水沸后放入密封袋，盖上盖子，关火，放置3小时。

烹饪秘籍

如果鸡胸肉太厚，不容易卷成形，可以把肉片得薄一点儿再卷，卷的时候注意每片之间要紧实，不留缝隙。

7 3小时后，拿出鸡肉卷，取掉密封袋，放入冰箱至少冷藏6小时。

8 想吃的时候取出来，撕掉保鲜膜，切片就装盘，可淋少许豉油，撒少许小米辣调味。

想要吃得营养又健康，最好的方法就是亲手制作。鸡胸肉是低热量、高蛋白的肉类，不仅可以减脂增肌，还能抗疲劳。低温制作的方法使鸡胸肉口感细腻湿润，一点儿也不干柴。减脂健身的小伙伴们可以放心大口地吃。

探索健康新方向

改良版蚂蚁上树

🕐 烹饪时间 15分钟　　👨‍🍳 难易程度 简单

参考热量表

魔芋丝300克…36千卡
鸡胸肉泥100克…133千卡
洋葱50克…20千卡
豆瓣酱15克…27千卡
香葱20克…5千卡
合计221千卡

主料

魔芋丝300克·鸡胸肉泥100克

辅料

洋葱50克·豆瓣酱1汤匙·香葱20克

做法

1　洋葱、香葱洗净，洋葱切成小块，香葱切碎末。

2　魔芋丝过水冲洗，然后在热水中焯1分钟后捞出。

3　取一炒锅，锅烧热后放入豆瓣酱，小火炒香。

4　豆瓣酱香味散发出来后，放入鸡胸泥，小火翻炒均匀至变色。

5　往锅中放入洋葱块，翻炒一下，炒至断生。

6　最后放入魔芋丝，翻炒均匀，撒上香葱碎即可。

烹饪秘籍

如果不喜欢吃洋葱，也可以换成木耳，口感也很不错。

传统的蚂蚁上树用猪肉和容易吸油的粉丝烹制而成，热量可想而知。改良版使用超低热量食材魔芋和脂肪含量极低的鸡胸肉，加一点儿洋葱提味，用豆瓣酱的香味渲染魔芋丝和鸡胸肉，不变的味道却少摄取了好多热量，何乐而不为呢？

在美味中减脂增肌

香煎龙利鱼

🕐 烹饪时间 30分钟　👨‍🍳 难易程度 简单

参考热量表

龙利鱼片500克…335千卡

合计335千卡

主料

速冻龙利鱼片500克

辅料

黑胡椒粉1茶匙·盐1/2茶匙·橄榄油1/2茶匙
姜丝3克·柠檬半个

做法

1　买回的速冻龙利鱼片
待其自然解冻，洗净，
擦干表面水分。

2　在鱼片两面均匀涂抹
黑胡椒粉和盐，轻轻按
摩后腌制20分钟。

3　取一平底锅，烧热后
倒入橄榄油，转小火，
放入姜丝慢慢炒出香味。

4　把姜丝拨到一边，放
入腌制好的龙利鱼片，
轻轻晃动几下。

5　待鱼片底部发白后用
木铲和筷子辅助翻面，
煎至两面发白。

6　将柠檬汁挤在鱼身和
锅内，盖上锅盖，焖1分
钟即可盛出。

烹饪秘籍

想要鱼肉更有香味，可以倒入自
己喜欢的果酒，盖上锅盖焖一
会儿，会有意想不到的效果哦。

煎龙利鱼的秘诀就是保持原汁原味。鱼肉高蛋白、久烹不老、没有杂味，还有软化血管的功效。选出最简最优的料理方式，遵循适量、少油盐、高蛋白的原则，做出来的这道减脂增肌餐，怎会令你不心动呢？

美味又健康

香菇蒸鳕鱼

🕐 **烹饪时间** 15分钟　📖 **难易程度** 简单

参考热量表

鳕鱼300克⋯264千卡

香菇20克⋯5千卡

小米辣10克⋯4千卡

香葱10克⋯3千卡

合计276千卡

主料

鳕鱼300克·香菇20克

辅料

小米辣10克·香葱10克·蒸鱼豉油1茶匙
料酒1茶匙·盐1/2茶匙

做法

1　把鳕鱼冲洗干净，放在一旁控干水分。

2　香菇去蒂，洗净后切成薄片。

3　小米辣和香葱分别洗净，切成辣椒圈和香葱碎。

4　取一小碗，放入蒸鱼豉油、料酒和盐，搅拌均匀，做成味汁。

5　把控干水分的鳕鱼放在盘子中，切好的香菇片放在鱼肉上。

6　在鱼肉周边和香菇上倒上调好的味汁。

烹饪秘籍

在浇味汁时，不要直接浇到鱼肉上，这样会影响鱼肉的色泽。浇在周边，既可以保证鱼肉的味道，又可以保持菜品的美观。

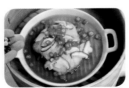

7　蒸锅内加水，水沸后放入盘子，大火蒸6分钟后关火。

8　打开盖子，把辣椒圈和香葱碎撒在鱼肉上，再盖盖闷2分钟即可。

雪白的鱼肉上整齐码放着棕褐色的香菇，鲜红的小米辣和碧绿的香葱相互辉映，可谓色香味俱全。鳕鱼肉中的蛋白质含量比三文鱼高，但脂肪含量却只有三文鱼的十七分之一，被称为餐桌上的"瘦身专家"。减脂期间可以经常做这道菜来犒劳自己。

百变的饭
海鲜藜麦饭

（🕐烹饪时间）25分钟　（🍳难易程度）简单

参考热量表

藜麦40克…147千卡
番茄100克…15千卡
西蓝花100克…36千卡
虾仁50克…24千卡
洋葱20克…8千卡
合计230千卡

主料

藜麦40克·番茄100克·西蓝花100克·虾仁50克

辅料

洋葱20克·橄榄油1/2茶匙·黑胡椒粉1/2茶匙
盐1/2茶匙·香葱碎少许

做法

1　藜麦淘洗干净，所有食材冲洗干净。

2　番茄切小块；西蓝花切小朵；洋葱切碎；虾仁挑去虾线，再次冲洗干净备用。

3　炒锅烧热，加入少许橄榄油，放入洋葱碎，小火煸出香味。

4　放入番茄，小火慢慢炒出汤汁，然后放入西蓝花，中火翻炒1分钟。

5　西蓝花变软后放入藜麦，加入没过食材一半量的热水，盖上锅盖，中火煮3分钟。

6　3分钟后放入虾仁，盖上锅盖，继续焖煮5分钟。

烹饪秘籍

番茄去皮口感会更好，还可以加入牛肉、鱼、牡蛎等食材，或者加入自己喜欢的调味料，所以说这道海鲜藜麦饭是百变的饭。

7　观察到汤汁收得差不多的时候，打开锅盖，翻动一下食材。

8　最后加入盐和黑胡椒粉调味，可撒少许香葱碎点缀。

这是一道可以百搭的饭，必备食材是藜麦和番茄。藜麦是被联合国粮农组织认证的"一种单体植物就可以基本满足人体基本营养需求"的食物，番茄可以赋予整道饭的基调，其他的大家发挥想象力添加就可以了，召唤四类食物就可以做出低卡营养的美味啦。

牛油果沙拉

⏱ 烹饪时间 18分钟　🍳 难易程度 简单

参考热量表

牛油果100克⋯171千卡
黄瓜100克⋯16千卡
番茄100克⋯15千卡
虾仁100克⋯48千卡
合计250千卡

主料

牛油果100克·黄瓜100克·番茄100克
虾仁100克

辅料

盐1/2茶匙·黑胡椒粉1/2茶匙

做法

1　虾仁挑去虾线后洗净，用盐水煮熟，晾凉备用。

2　将牛油果洗净，取出果肉，切成正方形的小丁。

烹饪秘籍

只用盐和黑胡椒粉调味，是热量最低的一种调味方法，也可以换做其他酱料，会有不同的感觉哦。

3　番茄洗净，一切为四，挖去果浆，剩下的部分切成方丁。

4　黄瓜洗净后，先切成长条，再切成方丁。

5　晾凉的虾仁也切成丁。

6　最后将四样食材放在大碗中拌匀，撒上盐和黑胡椒粉调味即可。

低卡减脂餐里怎么少得了沙拉的身影呢？这是一道肉食系沙拉：
虾肉可以补充优质蛋白质；牛油果饱腹感强，有助于减少进食量。
而且牛油果里的油酸可以改善发质，爱美又想瘦的朋友千万不要
错过哦。

平凡但珍贵

菠菜粉丝炒鸡蛋

⏲ 烹饪时间 8分钟　📖 难易程度 简单

参考热量表

菠菜400克…112千卡
鸡蛋100克…144千卡
干粉丝50克…169千卡
合计425千卡

主料

菠菜400克·鸡蛋2个（约100克）·干粉丝50克

辅料

食用油1/2茶匙·盐1/2茶匙

做法

1 粉丝用热水泡软，捞出，控干水分备用。

2 菠菜择好、去根、洗净，切成5厘米长的段。

3 烧一锅水，将菠菜焯水10秒，捞出，控干水分。

4 鸡蛋打散；取一炒锅，锅热后放油，倒入蛋液炒到凝固，盛出备用。

5 锅中不用倒油，直接放入焯过水的菠菜，翻炒均匀。

6 然后放入粉丝和鸡蛋，加入盐，翻炒均匀即可。

─ 烹饪秘籍 ─

如果赶时间，可以用热水泡粉丝；但最好是提前用凉水泡软，这样的粉丝比较筋道，也更好入味。

软嫩翠绿的菠菜、晶莹顺滑的粉丝和金黄怡口的鸡蛋搭配在一起，能够补充碳水化合物、膳食纤维和蛋白质。减脂增肌的小伙伴们一定不要错过这样简单又美味的健康家常菜。

香菇伞蒸蛋

🕐 **烹饪时间** 30分钟　　🎬 **难易程度** 简单

🥢 棕褐色的香菇伞上托着淡黄色的鸡蛋，鸡蛋因为受热的缘故都膨胀起来了，一口咬下去，可以吃到弹牙的香菇和软嫩的鸡蛋。鸡蛋可以为我们提供优质蛋白质；香菇则有美容养颜、益智安神等食疗功效。如此低卡又健康的食物当然受欢迎了。

主料
鸡蛋4个（约200克）· 鲜香菇200克

辅料
盐1/2茶匙 · 香葱碎少许

做法

1 鲜香菇洗净，挖去蒂，变成小碗状，挖下来的部分切成小丁备用。

2 鸡蛋打散，和香菇丁混合，放入少许盐调味。

3 将蛋液倒入香菇内部，与香菇齐平，上面撒上香葱碎。

4 蒸锅内烧水，水沸后放入香菇碗，中火蒸制15分钟即可。

参考热量表

鸡蛋200克…288千卡
鲜香菇200克…52千卡
合计340千卡

烹饪秘籍

可以按照个人喜好往蛋液中添加培根或西蓝花等食材，但为了减脂，还是尽量少放高热量的食材。

减脂真的很简单

凉拌豌豆苗

🕐 烹饪时间 5分钟　　😀 难易程度 简单

豌豆苗味道清香、肉质柔嫩。别看它柔柔嫩嫩的，却含有丰富的膳食纤维，清理起肠道来可是绝不含糊，常吃还能增强免疫力。常吃这道菜，减脂真的很简单。

主料
豌豆苗300克

辅料
橄榄油1/2茶匙・胡椒粉1/2茶匙
盐1/2茶匙

参考热量表
豌豆苗300克···96千卡
合计96千卡

烹饪秘籍

焯过水后的豌豆苗要过一下凉水，一是保证其鲜绿的色泽，二是保证其清脆的口感。

做法

1 将豌豆苗去根，择洗净。

2 烧一锅水，水沸后放入豌豆苗，焯烫2分钟。

3 捞出豌豆苗，立即放入凉开水中过凉，约半分钟。

4 捞出，控干水分，加入橄榄油、胡椒粉和盐调味即可。

不会变胖的巧克力

可可豆腐团

🕐 **烹饪时间** 30分钟　　👨‍🍳 **难易程度** 中等

参考热量表

内酯豆腐200克…100千卡

可可粉20克…70千卡

绵白糖20克…79千卡

棉花糖30克…96千卡

无糖饼干10克…44千卡

合计389千卡

主料

内酯豆腐200克・可可粉20克

辅料

绵白糖20克・棉花糖30克・无糖饼干10克

做法

1 把饼干放在保鲜袋里，用擀面杖擀碎，越碎越好，擀好后放入一个干燥的盘子里。

2 取出内酯豆腐，用清水冲一下，然后放入碗中，加入可可粉和绵白糖搅拌均匀。

3 取一平底锅，倒入混合的豆腐泥，放入棉花糖，小火搅拌3分钟左右至棉花糖融化，形成光滑的糊状。

4 将豆腐糊倒入干净的容器中封好，放入冰箱冷冻室15分钟，降温使其凝固。

5 15分钟后取出，舀一勺，用两个圆底勺子来回滚，使其成为表面光滑的豆腐团。

6 把豆腐团放入装有饼干碎的盘中，晃动使其表面均匀裹满饼干碎，放入冰箱冷藏到豆腐团变硬即可。

烹饪秘籍

棉花糖是必不可少的，因为加热融化后的棉花糖具有凝固的作用，同时口感也会更加顺滑。

外观看起来很像日本的大福，憨憨圆圆的十分讨喜，别看它好像热量很高，但其实是名副其实的低卡料理。内酯豆腐口感细嫩，富含优质蛋白质；可可粉味道微苦，可以降低血液中的胆固醇。整道甜品吃起来健康无压力，外面裹上饼干碎，超级加分。

软糯清甜

豆腐南瓜羹

🕐 烹饪时间 12分钟　　🍳 难易程度 简单

🥄 像金沙一样的南瓜泥和乳白色的内酯豆腐，装在小小的砂锅里，温暖中透露着自己的态度。别看整道菜只用了很简单的材料，但却可以补充蛋白质、降压降糖，很适合超重人士作为减脂餐，是一道美味、健康又低热量的美食哦。

主料
南瓜200克·内酯豆腐300克

辅料
黑胡椒粉1/2茶匙·盐1/2茶匙

参考热量表

南瓜200克…46千卡
内酯豆腐300克…150千卡
合计196千卡

做法

1　南瓜洗净，去皮、去子，切大块，上锅蒸至软烂。

2　内酯豆腐冲洗干净后切大块，放入锅中。

3　用勺子或料理机把南瓜搅成糊状，加少许盐和黑胡椒粉调味。

4　最后把南瓜糊倒在豆腐块上面就可以吃了。

烹饪秘籍

搅打南瓜糊时可以加一点儿开水调节浓度，或者加入其他自己喜欢的酱料或配菜，但加水稀释的做法是热量最低的。

低脂美味
凉拌手撕杏鲍菇

🕐 烹饪时间 25分钟　　🍳 难易程度 简单

杏鲍菇是一种高蛋白、低脂肪的菌类，能够软化和保护血管，降低胆固醇。这么简单又营养的美味，当然让吃货们爱不释手。

主料

杏鲍菇300克

辅料

蒜5克·生抽2茶匙·盐1/2茶匙
熟白芝麻少许

参考热量表

杏鲍菇300克…105千卡
蒜5克…6千卡
合计111千卡

烹饪秘籍

这是最为低脂的制作方法，如果不想这么"素"，可以在杏鲍菇里浇一点热油和辣椒油，再撒上一点儿芝麻和花生碎，味道会更好。

做法

1 杏鲍菇洗净后纵向一切为二，上锅蒸约15分钟。

2 蒜去皮，洗净后捣成蒜泥，暴露于空气中。

3 杏鲍菇出锅后稍晾凉，用手撕成细条，放于碗中。

4 最后把蒜泥、生抽和盐加入碗中拌匀，撒少许芝麻点缀即可。

鲜美乘以二

鲜炒双菇

⏱ 烹饪时间 12分钟 　🍳 难易程度 简单

菌菇类食物以其独特的鲜味和高营养价值经常出现在我们的餐桌上。常吃蘑菇能很好地促进人体对其他食物营养的吸收，此外蘑菇做起来也比较快手。这道鲜炒双菇给你双倍的享受，嫩滑乘以二，营养乘以二，一道素菜也做出了肉菜的口感。

主料
香菇150克 · 杏鲍菇150克

辅料
橄榄油1/2茶匙 · 蒜3克
白皮洋葱30克 · 味极鲜酱油1茶匙
黑胡椒粉1/2茶匙 · 香葱碎少许

参考热量表

香菇150克…39千卡
杏鲍菇150克…53千卡
白皮洋葱30克…12千卡
合计104千卡

做法

1　将香菇和杏鲍菇洗净、切片，白皮洋葱切丝，大蒜切片备用。

2　取一炒锅，烧热后倒入橄榄油，油微热后放入洋葱丝和蒜片，小火炒香。

3　放入切好的蘑菇片，转中火翻炒至蘑菇变软，然后倒入味极鲜酱油翻炒均匀。

4　出锅前撒上黑胡椒粉，翻炒均匀，撒少许香葱碎点缀即可。

烹饪秘籍

烹调过程中如果感觉有点干，可以倒入少许清水，盖上锅盖焖一下，蘑菇会熟得快一点儿，也不容易煳锅。

资深健康凉菜
蒜泥豇豆

🕐 烹饪时间 10分钟　　👨‍🍳 难易程度 简单

主料

豇豆300克

辅料

食用油1/2茶匙・蒜10克
盐1/2茶匙・生抽1茶匙

参考热量表

豇豆300克…99千卡
蒜10克…13千卡
合计112千卡

🥄 这道资深健康凉菜的精髓就在大蒜上。蒜泥捣好后静置15分钟，生成的蒜素具有抗氧化、促进血液循环、加速新陈代谢的功能，能够排毒减重。减脂期可常吃这道菜，吃完之后嚼一颗口香糖就好了。

做法

烹饪秘籍

焯豇豆时，锅中滴入几滴油或加一点盐，是为了保证豇豆翠绿的颜色，同时也可以减少营养的流失。其他青菜焯水时同样适用这种方法。

1 豇豆去头、去尾后洗净，切成3厘米左右的段。

2 大蒜去皮后洗净，剁成蒜末备用。

3 烧一锅水，加少许盐，水沸后放入切好的豇豆，大火再次煮沸后，转小火再煮1分钟。

4 煮好后捞出，冲一下凉水，放在一旁控干水分。

5 取一炒锅，烧热后倒入一点油，放入蒜末，小火慢慢煸炒出香味，不要炒焦，然后关火。

6 放入控干水分的豇豆，再加入盐和生抽，与锅中蒜末搅拌均匀，即可盛出装盘。

低热量的燃脂美食

咖喱南瓜西葫芦面

⏱ **烹饪时间** 25分钟　🍳 **难易程度** 中等

参考热量表

西葫芦400克…76千卡
小南瓜80克…18千卡
蒜片5克…6千卡
咖喱粉10克…34千卡
合计134千卡

主料

西葫芦400克・小南瓜80克

辅料

蒜片5克・咖喱粉2茶匙・橄榄油1茶匙・盐1/2茶匙
香菜末少许

做法

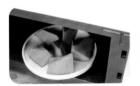

1 南瓜洗净后带皮切块，放入微波炉大火转熟。

2 西葫芦洗净后用擦丝器擦成粗丝，尽量擦得长一些。

3 烧一锅水，水沸后放入西葫芦丝煮熟，熟后马上捞出过凉。

4 取一炒锅，烧热后放一点橄榄油，用手在锅上方试一下温度，觉得热了就离火，放入蒜片和咖喱粉，慢慢炒香。

5 等咖喱粉充分炒香之后，把南瓜放入锅内，重新上火翻炒，再放入西葫芦丝，翻动让南瓜糊包裹在西葫芦丝上。

6 开小火继续慢慢翻动，放入盐调味拌匀，关火装盘，撒少许香菜末点缀即可。

烹饪秘籍

1. 南瓜最好用烤箱或微波炉制熟，煮或蒸会有水，加上西葫芦也会出水，南瓜糊就不容易挂在西葫芦丝上了。
2. 炒咖喱粉最好离火炒，不然很容易糊。

以西葫芦为主料，搭配养胃润肠的南瓜，辅以咖喱增味。咖喱可促进新陈代谢，有助于燃脂。整道菜热量很低，满足了每一个在减脂路上想吃好还不要高热量的小胖子的要求。

凉菜中的优秀代表

姜汁菠菜

🕐 烹饪时间 8分钟　👨‍🍳 难易程度 简单

参考热量表

菠菜300克…84千卡
姜末5克…2千卡
合计86千卡

主料

菠菜300克

辅料

姜末5克 · 生抽1茶匙 · 香油1/2茶匙 · 盐1/2茶匙
食用油少许

做法

1　菠菜择好，去根，冲洗干净，切成5厘米的段。

2　烧一锅水，水沸后向锅内滴几滴油，放入菠菜，余烫10秒。

3　将菠菜捞出过凉水，挤干水分。

4　取一圆柱形小碗，碗内铺上食品级保鲜膜，把菠菜紧实地压于碗中。

5　取一干净的盘子，将小碗中的菠菜扣在盘子中间。

6　将姜末、生抽、香油和盐混合成调味汁，浇在菠菜上即可。

烹饪秘籍

除了菠菜之外，还可以将油麦菜、娃娃菜、生菜等叶菜一起焯熟，用同样的方法调味，味道也很好。

秋冬季节是吃菠菜的好时节，天气越冷，菠菜越甜。菠菜含铁丰富，可以补血；其富含的膳食纤维还有助于促进肠胃蠕动，帮助消化，防止便秘；姜可以驱寒提神。不要小看这道简单的美味，越简单、越纯粹。

菜花寿司

🕐 **烹饪时间** 25分钟　🍳 **难易程度** 中等

参考热量表
菜花500克…100千卡
大海苔片20克…54千卡
黄瓜30克…5千卡
胡萝卜30克…10千卡
牛油果20克…34千卡
合计203千卡

主料
菜花500克·大海苔片20克

辅料
黄瓜30克·胡萝卜30克·牛油果20克
橄榄油1/2茶匙·白醋1茶匙·白糖1茶匙

做法

1 把菜花洗净后去掉比较老的根茎，切成大块，用料理机打碎成米粒状。

2 取一煎锅，锅热后倒橄榄油，油热后放入菜花碎，中火翻炒4分钟。

3 把菜花倒入一个大碗里，放入白醋和白糖，搅拌均匀后晾凉。

4 黄瓜、胡萝卜、牛油果洗净、去皮，分别切成黄瓜丝、胡萝卜丝和牛油果片。

5 取出海苔铺在竹帘上，将晾凉的菜花碎平铺在海苔上，前段留出1.5厘米左右的空，这样容易包紧。

6 将黄瓜丝、胡萝卜丝和牛油果片在菜花碎上集中摆好。

烹饪秘籍

1. 如果菜花比较嫩，炒完可能会出水，那就要挤干水分再去包。
2. 菜花要晾凉了再包，不然会影响海苔酥脆的口感。

7 用竹帘将寿司卷好，要捏紧，这样切的时候不容易散开，卷好后放置一会儿定形。

8 最后用刀切成2厘米左右的小段就可以了。

这道好吃的寿司，用蔬果代替了米饭，维生素和矿物质一下子高出很多，热量却大大降低。减脂期间就是要把普通的食材吃出花样来。这道菜花寿司可以让你一口吃下五六种蔬菜和水果，口感和味道也都大大提升，幸福感也跟着爆棚！

低热量主食

糊塌子

🕐 烹饪时间 20分钟　　🍳 难易程度 简单

参考热量表

西葫芦200克…38千卡
胡萝卜150克…48千卡
鸡蛋100克…144千卡
面粉100克…362千卡
合计592千卡

主料

西葫芦200克・胡萝卜150克・鸡蛋2个（约100克）
面粉100克

辅料

盐1/2茶匙・花椒粉1/2茶匙・食用油1/2茶匙

做法

1　西葫芦、胡萝卜洗净后擦成细丝，放入干净的盆中，加入盐，搅拌均匀，静置5分钟。

2　5分钟后，看到盆中会有汁水，这时把鸡蛋磕入盆中，打散。

3　再分次将面粉加进去，一边加一边搅拌，最好不要有小疙瘩，搅成面糊。

4　向面糊中加入花椒粉调味，再次搅拌均匀。

5　取一煎锅，锅热后倒入油，转动锅，使油均匀布满锅底。

6　油温五成热时，向锅中倒入调好的面糊，同样转动锅使面糊均匀布满锅底，小火慢慢煎。

7　观察到糊塌子的边微卷时，翻面继续小火煎制。

8　待边缘微焦、面饼金黄时取出，切成6~8块摆盘即可。

烹饪秘籍

1. 蔬菜中加盐是为了让蔬菜脱水，流出菜汁，比加水要好。

2. 如果面粉放多了，菜汁不够用，可以加少许水或牛奶，加牛奶的糊塌子会有淡淡的奶香味。

夏天做饭本来就是一件比较难熬的事，而且天热也不想吃太腻。这道地道的老北京糊塌子可以带来一丝清凉的感觉。应季的西葫芦可以润泽皮肤，还有减脂的功效；胡萝卜可以调理肠胃，低卡又健康。

极品减脂料理
香煎魔芋排

⏱ **烹饪时间** 45分钟　🍳 **难易程度** 简单

参考热量表

魔芋块300克…60千卡
烤肉酱15克…73千卡
合计133千卡

主料

魔芋块300克

辅料

烤肉酱1汤匙·盐1茶匙·黑胡椒粉1/2茶匙
橄榄油1/2茶匙·香葱碎少许

做法

1　煮一锅水，加入适量盐，放入整块魔芋块煮10分钟，捞出后过凉。

2　在整块的魔芋块两面浅浅地划上花刀，每刀之间间隔1厘米左右。

3　将改好花刀的魔芋块切成长5厘米、宽2厘米左右的块。

4　把魔芋块、烤肉酱、黑胡椒粉和盐一起放入保鲜袋，充分按摩后腌制20分钟。

5　取一煎锅，烧热后加入橄榄油，油微热后放入腌好的魔芋块，小火慢慢煎至成熟。

6　出锅前把袋中剩余的酱汁倒入锅中，待酱汁微微起泡后关火，盛出，撒少许香葱碎点缀即可。

烹饪秘籍

魔芋块会有比较大的碱味，去除碱味的方法有两个：一是用醋泡，酸碱中和会去除碱味。但如果做比较清淡的魔芋块，建议用第二种方法：用加盐的沸水煮10分钟，也会去除碱味。

乍一看像是牛排，其实是低热量的魔芋排。虽然魔芋本身有热量，但能够被人体吸收的却很少。魔芋可以抗衰老、润肠通便、降血脂和血糖，还可以补钙，简直是无敌小霸王。这道香煎魔芋排算得上名副其实的健康极品减脂料理了。

超低热量，好吃不胖

酸辣魔芋丝

⏱ **烹饪时间** 15分钟　　🍳 **难易程度** 简单

参考热量表

魔芋丝400克…48千卡
少油老干妈10克…86千卡
少油郫县豆瓣酱10克…18千卡
合计152千卡

主料

魔芋丝400克

辅料

少油老干妈2茶匙・少油郫县豆瓣酱2茶匙
盐1/2茶匙・醋1茶匙・香葱碎3克

做法

1　魔芋丝冲洗干净，控水备用。

2　起一炒锅，锅热后转小火，放入老干妈和郫县豆瓣酱，慢慢煸炒出香味。

3　炒香后，向锅内加入适量清水，煮沸。

4　水沸后，放入魔芋丝，焖煮5分钟。

5　5分钟后关火，加盐调味，按个人喜好倒入一点儿醋。

6　盛入碗中，撒上香葱碎就可以了。

烹饪秘籍

如果觉得老干妈和豆瓣酱太油，可以过一下水，这样既保证了辣度，又减少了油脂。

谁说减脂餐一定要清淡？这道看上去红红火火的酸辣魔芋丝表示不服。魔芋丝热量非常低，饱腹感强，口感弹牙爽滑，整道菜酸辣鲜香，爱吃酸辣又想减脂的小伙伴一定不能错过！

饱腹感十足

咖喱魔芋炒时蔬

⏱ **烹饪时间** 45分钟　🍳 **难易程度** 中等

参考热量表

魔芋块200克…40千卡
咖喱块30克…102千卡
樱桃番茄50克…13千卡
生菜200克…24千卡
合计179千卡

主料

魔芋块200克

辅料

咖喱块30克·樱桃番茄50克·生菜200克·食用油
1/2茶匙·盐1/2茶匙·香葱碎少许

做法

1 生菜洗净后在盐水中浸泡10分钟。

2 将生菜捞出，冲洗一下后撕成小片，放在一旁控干水分。

3 把樱桃番茄和魔芋块洗净，分别切成小块和厚片。

4 起一炒锅，倒油，油烧热后放入樱桃番茄块和魔芋片，翻炒5分钟。

5 转小火，向锅内倒入400毫升热水，水沸后关火。

6 将咖喱块放入汤中，搅拌至全部溶解在汤中。

烹饪秘籍

生菜洗净后在盐水中浸泡是为了使叶片脱水，以免在后面熬煮时出水，影响口感。

7 开中火，放入撕好的生菜叶，小火煮5分钟左右。

8 直至咖喱看起来黏稠，加少许盐调味，即可关火出锅，撒少许香葱碎点缀。

魔芋作为超低热量食材，是减脂期不可忽视的存在。樱桃番茄具有健胃消食的作用；生菜富含膳食纤维，经常吃可以帮助消除多余脂肪。再用人见人爱的咖喱粉调味，健康又好吃！

减脂很轻松

素炒三鲜

⏱ **烹饪时间** 25分钟　　📋 **难易程度** 中等

参考热量表

南瓜200克…46千卡
山药200克…114千卡
秋葵100克…25千卡
小米辣5克…2千卡
杭椒5克…1千卡
大蒜5克…6千卡
合计194千卡

主料

南瓜200克·山药200克·秋葵100克

辅料

小米辣5克·杭椒5克·大蒜5克·食用油1/2茶匙
味极鲜酱油1/2茶匙·盐1/2茶匙

做法

1 南瓜和山药洗净后，去皮；秋葵、小米辣、杭椒和大蒜洗净备用。

2 将山药切成1厘米粗的段，用清水多淘洗几次，然后用清水泡着备用。

3 南瓜切成和山药一样的大小；秋葵去头、去尾，切斜段；小米辣切小段；杭椒切厚斜片；大蒜切片。

4 取一炒锅，锅热后加入油，放入南瓜段，中火翻炒至微微发软后关火盛出。

5 再次开火，向锅内放入蒜片和秋葵段，大火爆炒出香味。

6 向锅中放入辣椒，再把山药段从水中捞出，放入锅中，轻轻翻炒2分钟。

烹饪秘籍

去皮的山药很容易氧化，切好之后泡在水中可以防止氧化，保持洁白的外观。

7 放入味极鲜酱油调味、调色，如果淡的话可以放一点儿盐。

8 最后把之前炒好的南瓜段放入锅中，翻炒均匀即可。

金黄软糯的南瓜，乳白脆嫩的山药和鲜绿爽滑的秋葵，组成了这道素三鲜。南瓜可以保护胃黏膜，帮助消化；山药能够降低胆固醇；秋葵也是健肠胃的保健食材。用最简单的烹制方法，保留食材自身的营养价值和功效，助力你的减脂大业。

蔬菜的力量无敌

五蔬汤

⏱ 烹饪时间 15分钟　🍴 难易程度 简单

清亮的汤水中有颜色各异的食材。中医认为，不同颜色的食材可滋补不同脏器，这碗五蔬汤蕴含了唤醒全身机能的力量。调味越简单，越能凸显食物本身的味道，绝对是施以信任之手，还以惊艳之味。

主料

番茄100克·圆白菜100克
洋葱50克·芹菜50克
泡发木耳70克

辅料

盐1/2茶匙·黑胡椒粉1/2茶匙

做法

1　将所有的食材洗净。

2　番茄切小滚刀块，洋葱切细丝，芹菜斜切成薄片。

3　圆白菜去硬心，切成菱形；木耳洗净后去蒂，再撕成小朵。

4　烧一锅热水，把所有的食材同时放入锅中，大火煮5分钟，加盐和黑胡椒粉调味即可。

参考热量表

番茄100克…15千卡
圆白菜100克…24千卡
洋葱50克…20千卡
芹菜50克…7千卡
泡发木耳70克…19千卡
合计85千卡

烹饪秘籍

处理食材时，尽量把所有食材处理成可同时成熟的形态，这样同时下锅、同时成熟，避免了很多麻烦。

第三章
味道诱人

水煮青菜?
什么年代了!
我们要做减脂餐里
最好吃的那一道

美味不变，营养满分

黄焖鸡杂粮饭

🕐 **烹饪时间** 60分钟　　🍳 **难易程度** 复杂

参考热量表

糙米70克…244千卡

燕麦米70克…264千卡

黑米30克…102千卡

去皮鸡腿肉300克…543千卡

甜椒100克…18千卡

香菇100克…26千卡

大蒜5克…6千卡

合计1203千卡

主料

糙米70克·燕麦米70克·黑米30克

去皮鸡腿肉300克·甜椒100克·香菇100克

辅料

大蒜5克·食用油1/2茶匙·生抽1/2茶匙

酱油1/2茶匙·淀粉少许·香葱碎少许

做法

1　将糙米、燕麦米、黑米洗净后浸泡一夜，加入比蒸白米饭略多一些的水，在电饭煲里蒸熟，保温备用。

2　甜椒和香菇冲洗干净后掰成块状，大蒜洗净后用刀拍散。

3　鸡腿肉洗净后切块，加生抽和少许淀粉抓匀，腌制20分钟。

4　取一炒锅，烧热后放油，油微热时放入拍好的蒜瓣，翻炒出香味。

5　放入鸡腿块，小火翻炒至鸡肉微微发焦。

6　向锅内放入甜椒块和香菇块，倒入酱油，翻炒均匀。

烹饪秘籍

鸡肉富含蛋白质，但是鸡皮里面却全是脂肪。吃鸡肉的时候把鸡皮去掉，如果嫌去皮太麻烦，可以用鸡胸肉代替。

7　等鸡肉和蔬菜均匀着色后，加入一小碗温水，盖上锅盖，小火焖20分钟。

8　最后大火收汁，盛一碗糙米饭，将做好的黄焖鸡浇在米饭上，再撒少许香葱碎点缀，就可以吃啦。

餐馆里做的黄焖鸡米饭实在是太不健康了，重油重盐重味精。不如在家自己做，换成更抗饿、更健康的粗杂粮，非常适合注重健康饮食和处于减脂期的人们食用。

增肌小吃

微波盐酥鸡

🕐 烹饪时间 45分钟　📋 难易程度 简单

参考热量表

鸡胸肉400克…532千卡
全麦面包屑30克…107千卡
合计639千卡

主料

鸡胸肉400克·全麦面包屑30克

辅料

酱油1茶匙·胡椒粉1/2茶匙·盐1/2茶匙

做法

1　鸡胸肉洗净后切成1.5厘米见方的块，放入碗中，加入酱油，腌制30分钟。

2　把全麦面包屑在微波炉中烘干一下，然后加入盐和胡椒粉拌匀。

烹饪秘籍

调料不要加太多，如果拿捏不准就尽量少加，烤完之后尝一下，再撒少许椒盐调味就好啦。

3　把腌好的鸡胸肉一块块拿出来，放入面包屑中，轻轻翻动，让面包屑完全包裹鸡胸肉。

4　取一个干燥的玻璃盘，铺上油纸，把鸡肉块平铺在玻璃盘上。

5　将玻璃盘放进微波炉内，高火加热3分钟。

6　取出玻璃盘，将鸡肉块翻面，再放回微波炉内高火加热30秒就可以了。

盐酥鸡可是男女老少皆喜爱的一道小吃。但是减脂期间必须严格控制油的摄入，所以机智的美食发明家们创造了这道不用油的微波盐酥鸡，解决了水煮鸡胸干柴的问题，赶快动手试试吧。

手撕的美味

凉拌鸡丝

🕐 **烹饪时间** 20分钟　🍳 **难易程度** 简单

参考热量表

鸡胸肉400克…532千卡
胡萝卜40克…13千卡
干木耳10克…27千卡
合计572千卡

主料

鸡胸肉400克·胡萝卜40克·干木耳10克

辅料

蒜泥5克·葱段、姜片各5克·料酒1/2汤匙
醋1汤匙·味极鲜酱油1茶匙·香油1/2茶匙
盐1/2茶匙·香葱碎少许

做法

1　提前一夜用冷水泡发木耳。

2　取一煮锅，锅内加入适量冷水，加入葱段、姜片、料酒，放入鸡胸肉。

3　开大火煮至沸腾，转小火焖煮10分钟后关火。

4　鸡胸肉煮熟后，捞出放入盘中，轻轻覆上一层保鲜膜，让其自然晾凉至不烫手。

5　在鸡胸肉晾凉的过程中，将胡萝卜洗净、去皮，刨成细丝。

6　木耳洗净，去掉根部，用沸水焯烫几秒，切成细丝。

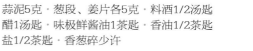

烹饪秘籍

煮鸡胸时如果不确定是否熟了，可以用筷子戳一下，很容易戳透就证明是熟了。

7　用刀背将鸡胸肉轻轻拍散，然后用手撕成细丝，越细越好。

8　把鸡胸肉丝、胡萝卜丝和木耳丝放到大碗中，加入蒜泥、醋、味极鲜酱油、香油和盐，拌匀，撒少许香菜碎点缀即可。

这道凉拌鸡丝非常简单，用芝麻酱和大蒜调味，吃起来不会感到味道腥或肉质柴。也可以换成口感更好一些的鸡腿肉，当做下酒小菜，或者拌米饭、拌面条。但是鸡胸肉的热量更低，减脂期的宝宝们还是选择鸡胸肉吧。

浓郁番茄香
番茄罗勒炖鸡胸

⏱ 烹饪时间 50分钟　🍳 难易程度 中等

参考热量表

糙米70克…244千卡
鸡胸肉400克…532千卡
番茄200克…30千卡
洋葱丝30克…12千卡
蒜片5克…6千卡
合计580千卡

主料

鸡胸肉400克·番茄200克

辅料

洋葱丝30克·蒜片5克·盐1/2茶匙
黑胡椒粉1/2茶匙·白胡椒粉1茶匙
干罗勒碎5克·香葱碎少许

做法

1 鸡胸肉洗净后控干水分，切成1.5厘米宽的大条。

2 在鸡肉条上均匀涂抹盐、黑胡椒粉和白胡椒粉，腌制10分钟。

3 番茄洗净后去蒂，切成小块，放到碗里备用，千万不要浪费汤汁。

4 取一不粘锅，放入鸡肉条，将一面煎至金黄后翻面，煎至同样程度，盛出。

5 锅内放入蒜片和洋葱丝，小火炒出香味，然后倒入切好的番茄。

6 翻炒几下后放入鸡胸肉，翻炒均匀后盖上锅盖，中小火煮到番茄软烂成泥。

烹饪秘籍

切鸡肉时，和鸡肉纹理呈45°下刀，这样切出的鸡肉更滑嫩、更好吃。

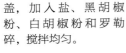

7 10分钟后，打开锅盖，加入盐、黑胡椒粉、白胡椒粉和罗勒碎，搅拌均匀。

8 开大火收汁，汤汁浓稠后关火，盖上锅盖，闷20分钟让鸡肉入味，盛出，撒少许香葱碎点缀即可。

这是一道充满意式风味的菜肴，赤红的酱汁裹着鸡胸肉，整个过程完全没加一滴水，全靠番茄熬出的浓汤。番茄具有美白祛斑的作用，可以提亮肤色，鸡胸是高蛋白低脂肪的肉类，两者搭配，成就了这道酸甜浓郁、低脂健康的美味。

解锁鸡胸新吃法

番茄焖鸡胸丸

⏱ **烹饪时间** 60分钟　🍳 **难易程度** 复杂

参考热量表

鸡胸肉末300克…399千卡
即食燕麦片20克…68千卡
鸡蛋50克…72千卡
胡萝卜50克…16千卡
番茄100克…15千卡
番茄酱15克…12千卡
合计582千卡

主料

鸡胸肉末300克・即食燕麦片20克
鸡蛋1个（约50克）・胡萝卜50克
番茄100克

辅料

料酒1茶匙・盐1/2茶匙・黑胡椒粉1/2茶匙
番茄酱15克・葱花5克・蒜片3克

做法

1 将鸡胸肉末、即食燕麦片和鸡蛋混合，加入料酒、黑胡椒粉和盐拌匀，揉成丸子。

2 将胡萝卜和番茄洗净，胡萝卜去皮、切块，番茄去蒂、切块。

3 取一不粘锅，烧热后放入葱花和蒜片炒香，然后放入番茄块，翻炒至变软。

4 放入胡萝卜块，倒入适量清水，加入番茄酱，盖上锅盖，小火焖煮5分钟。

5 另起一不粘锅，烧热后转小火，放入刚刚揉好的丸子，慢慢煎至表面金黄。

6 将煎好的丸子放入煮有番茄的锅里，盖上锅盖，继续小火焖20分钟，加盐调味，点缀葱花即可。

烹饪秘籍

煮好的番茄鸡胸丸可以隔夜再吃，泡了一夜的丸子会更加入味，味道更好。

已经厌倦了水煮鸡胸、烤鸡胸……现在教你解锁鸡胸的新吃法——鸡胸丸。在鸡胸肉泥中混合燕麦片会让肉丸的口感更好，而且有助于消化吸收。搭配番茄熬一锅红汤，获得视觉与味觉的双重享受，而且不必担心会吃胖。

不油腻的韩餐

安东鸡

⏱烹饪时间 50分钟　🍲难易程度 中等

参考热量表

鸡胸肉300克…399千卡
胡萝卜100克…32千卡
土豆100克…81千卡
口蘑30克…83千卡
洋葱30克…12千卡
合计607千卡

主料

鸡胸肉300克·胡萝卜100克·土豆100克
口蘑30克·洋葱30克

辅料

盐1/2茶匙·黑胡椒粉1/2茶匙·食用油1/2茶
匙·酱油1茶匙·韩式辣酱2茶匙·蜂蜜1茶匙
姜末3克·香油1克·白芝麻2克·香葱碎少许

做法

1　鸡胸肉洗净后切成1厘米见方的小块，抹上盐和黑胡椒粉腌制15分钟。

2　将所有蔬菜洗净。胡萝卜、土豆去皮，切小滚刀块；口蘑一切为四；洋葱切丝。

3　取一小碗，调好酱油、韩式辣酱、蜂蜜、姜末和香油备用。

4　锅中放油烧热，将洋葱丝均匀平铺在锅底，小火慢煎至洋葱底部变色，然后翻面，煎至两面透明。

5　把洋葱拨到一边，放入鸡肉，先不翻动，小火慢煎到鸡肉底部变色，然后翻面煎到整个鸡肉变色。

6　倒入小碗中调好的味汁，翻炒均匀。

7　放入胡萝卜、土豆和口蘑，炒匀，倒入半杯水，煮沸后盖上锅盖，小火继续焖20分钟。

8　出锅前尝一下味道，可以加适量盐调味，最后撒上白芝麻、香葱碎就可以了。

烹饪秘籍

1. 土豆和胡萝卜不容易成熟，可以切小一点。
2. 可以在菜中加入魔芋丝或豆腐丝来吸收汤汁，味道也很不错。

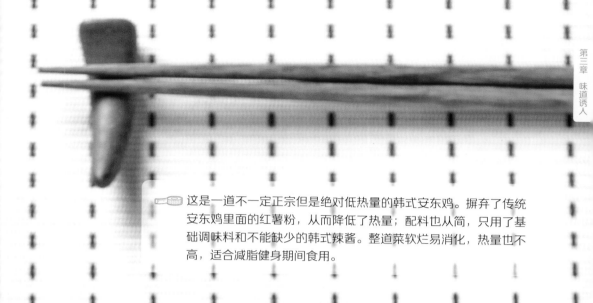

这是一道不一定正宗但是绝对低热量的韩式安东鸡。摒弃了传统安东鸡里面的红薯粉，从而降低了热量；配料也从简，只用了基础调味料和不能缺少的韩式辣酱。整道菜软烂易消化，热量也不高，适合减脂健身期间食用。

与世无争的素雅

清蒸鸡胸白菜卷

🕐 烹饪时间 45分钟　　👐 难易程度 中等

参考热量表

鸡胸肉300克…399千卡
鲜香菇40克…10千卡
白菜叶150克…30千卡
合计439千卡

主料

鸡胸肉300克·鲜香菇40克·白菜叶150克

辅料

葱花、姜末各3克·黑胡椒粉和白胡椒粉各1/2茶匙
料酒1/2汤匙·味极鲜酱油1/2茶匙
蒸鱼豉油1/2茶匙

做法

1　鸡胸肉洗净后切小丁；香菇洗净，去蒂、切薄片。

2　将鸡胸肉丁和香菇片放在碗中，加入葱花、姜末、黑白胡椒粉、料酒和味极鲜酱油，搅打均匀，腌10分钟。

3　白菜叶切去菜帮，只用叶片部分，如果较硬，可以用热水稍微烫一下，然后控干水分备用。

4　在叶片一端放入适量鸡肉馅，卷起来，如果白菜较硬不好固定，可以用牙签辅助，卷好后放到盘子里。

5　取一蒸锅，锅内放凉水，将白菜卷放入蒸屉内，开大火。

6　等水开后，改中大火继续蒸15分钟左右。

7　15分钟后关火，不用闷，戴手套端出盘子。

8　在每个白菜卷上滴上几滴蒸鱼豉油调味就可以了。

烹饪秘籍

剩下的白菜帮也不要浪费，切成细丝，拌上葱花、酱油、醋、香油，就是一道美味又简单的小凉菜。

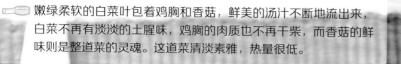嫩绿柔软的白菜叶包着鸡胸和香菇，鲜美的汤汁不断地流出来，白菜不再有淡淡的土腥味，鸡胸的肉质也不再干柴，而香菇的鲜味则是整道菜的灵魂。这道菜清淡素雅，热量很低。

鸡胸再也不柴了

笋干蒸鸡胸

🕐 烹饪时间 50分钟   🍳 难易程度 中等

参考热量表

鸡胸肉300克…399千卡
泡发的笋干200克…84千卡
干豆豉20克…54千卡
大蒜10克…13千卡
合计550千卡

主料

鸡胸肉300克·泡发的笋干200克

辅料

干豆豉20克·大蒜10克·蚝油1/2茶匙
生抽1茶匙·食用油1/2茶匙·香葱碎少许

做法

1 鸡胸肉洗净，剔除油脂和白膜，然后切成粗条。

2 泡发的笋干用沸水焯3分钟，去掉涩味，切成长条。

3 干豆豉和大蒜清洗一下，切成碎末，放入碗中，加入蚝油和生抽，拌匀成酱料。

4 取一炒锅，烧热后倒油，油微热后倒入酱料，小火翻炒出香味。

5 取大碗，最底下铺笋干，然后一层酱、一层肉地铺好。

6 凉水上锅蒸，蒸汽上来后再蒸30分钟，可撒少许香葱碎点缀。

烹饪秘籍

想要更简单低脂，可以不用炒酱，把鸡肉和豆豉、大蒜及调料混合抓匀，直接蒸制就可以。

减脂增肌界有一大难题——鸡胸肉到底怎么做才能不干不柴？这道笋干蒸鸡胸告诉你答案。笋干脆、鸡胸嫩、豆豉鲜，如果多放一点盐就是妥妥的米饭杀手。所以，吃可以，记得少放盐哦。

赤汤碧菜，快哉快哉

鹰嘴豆鸡胸番茄汤

⏱烹饪时间 20分钟　🍳难易程度 简单

参考热量表

鸡胸肉250克…333千卡

鹰嘴豆30克…48千卡

番茄70克…11千卡

杏鲍菇40克…14千卡

西蓝花90克…32千卡

合计438千卡

主料

鸡胸肉250克·鹰嘴豆30克·番茄70克
杏鲍菇40克·西蓝花90克

辅料

食用油1/2茶匙·盐1/2茶匙·黑胡椒粉1/2茶匙
生抽1/2茶匙·香葱碎少许

做法

1　鹰嘴豆提前一晚浸泡，便于成熟。

2　鸡胸肉洗净后剔去白膜和油脂，切成2厘米见方的块。

3　所有蔬菜洗净。番茄、杏鲍菇切小块；西蓝花去掉较硬的根部，切小朵。

4　取一炒锅，烧热后倒入食用油，放入杏鲍菇，中火翻炒至微微变软。

5　放入鸡胸肉一起翻炒，再加入生抽和黑胡椒粉，翻炒均匀。

6　然后把番茄块放入锅内，用锅铲把番茄捣烂，翻炒均匀。

烹饪秘籍

想要热量更低，可以用不粘锅去炒番茄和其他蔬菜，整个过程不放油，煮出来的汤也会更加清淡和低脂，别有一番风味。

7　放入鹰嘴豆和西蓝花，加水至淹没食材，转中火，盖锅盖，焖煮7分钟左右。

8　7分钟后关火，加入适量盐调味，盛出，撒少许香葱碎点缀即可。

暖色调的食物总是让人更有食欲，搭配绿色的蔬菜会显得更健康。这道红汤绿菜，让人看了不禁心生暖意。煮熟的鹰嘴豆有板栗的香味，软烂易消化，是老少皆宜的豆类。整道菜食材丰富，营养全面，经常食用，岂不快哉。

浓郁的泰国味道

金枪鱼小酥饼

🕐烹饪时间 35分钟　🍲难易程度 复杂

参考热量表

土豆250克…203千卡

金枪鱼100克…99千卡

胡萝卜50克…16千卡

鸡蛋50克…72千卡

即食燕麦片20克…68千卡

芒果50克…18千卡

泰式辣酱5克…10千卡

合计486千卡

主料

土豆250克·金枪鱼100克·胡萝卜50克
鸡蛋1个（约50克）

辅料

即食燕麦片20克·橄榄油1茶匙·咖喱粉1/2茶匙
蚝油1/2茶匙·黑胡椒粉1/2茶匙·盐1/2茶匙
芒果50克·柠檬汁1茶匙·泰式辣酱1茶匙
香菜碎5克

做法

1　土豆洗净后切大块，放入已经沸腾的蒸锅，蒸10分钟，然后关火闷5分钟。

2　在蒸土豆的过程中将金枪鱼挤干水分，胡萝卜洗净后刨成短短的细丝。

3　土豆蒸好后取出剥皮，用叉子压成土豆泥，然后加一颗鸡蛋在里面，搅拌均匀。

4　向土豆泥中加入金枪鱼、胡萝卜丝和部分即食燕麦片，再加入咖喱粉、蚝油、黑胡椒粉和盐，充分拌匀。

5　然后将混合好的土豆泥捏成小饼，两面裹上一层薄薄的燕麦片。

6　取一不粘锅，烧热后倒入橄榄油，将小饼煎至两面金黄后盛出。

烹饪秘籍

没有燕麦片，也可以换成面包，放进微波炉高温加热3分钟，取出后擀碎，做成面包糠，味道也很好。

7　将芒果肉切碎后放入碗中，混合柠檬汁、泰式辣酱和盐，搅拌均匀后撒上香菜碎。

8　用煎好的金枪鱼饼，蘸着芒果甜辣酱吃，很有泰国风味。

这是一道具有浓郁泰国风味的主食小饼，咖喱和甜辣酱都是泰式风味中不可或缺的调味料。金枪鱼高蛋白低脂肪，是瘦身佳品；用燕麦代替精制面粉，小火慢煎代替油炸，更加低脂低热量。整道菜饱腹感强，又好吃。

海陆荟萃

三文鱼炒饭

🕐 烹饪时间 20分钟　🍳 难易程度 简单

参考热量表

米饭300克 348千卡
三文鱼100克…139千卡
鸡胸肉100克…133千卡
鸡蛋50克…72千卡
玉米粒30克…64千卡
西蓝花40克…14千卡
合计770千卡

主料

隔夜米饭300克 · 三文鱼100克 · 鸡胸肉100克

辅料

鸡蛋50克 · 玉米粒30克 · 西蓝花40克 · 盐5克
食用油2汤匙 · 香葱碎少许

做法

1 将三文鱼和鸡胸肉洗净，控干水分，切1厘米见方的小丁，加盐和少许油拌匀，腌10分钟。

2 玉米粒和西蓝花洗净，西蓝花去掉部分较硬的梗，掰成小朵备用。

3 取一小煮锅，加半锅水，锅内放1/2茶匙油和1克盐，水沸后放入西蓝花和玉米粒焯2分钟。

4 焯好后捞出，控干水分，将西蓝花切碎备用。

5 取一炒锅，烧热后2茶匙油，放入三文鱼和鸡胸肉，小火慢煎至金黄后盛出。

6 鸡蛋磕入碗中，加1克盐打散，倒入炒锅中，炒熟后盛出，切碎备用。

烹饪秘籍

西蓝花切得越碎，炒饭成品越漂亮，因为用油盐水焯过，味道很好，不喜欢吃西蓝花的人也不会拒绝。

7 还是用刚刚炒过蛋的锅，再加剩余油，放入隔夜的米饭炒散。

8 然后把刚刚炒过的肉蛋菜全部放入，翻炒均匀，加剩余盐调味，盛出，撒少许香葱碎点缀即可。

世间的蛋炒饭千变万化，这次则汇集了大海和陆地的力量。三文鱼富含具有抗氧化作用的虾青素，可以提高肌肉耐力，降低运动中对肌肉的损伤，非常适合健身增肌的人群食用。没有人会拒绝如此快手又健康的美味的。

酸甜滑嫩，好吃好看

番茄豆腐鱼

(烹饪时间) 30分钟　(难易程度) 复杂

主料

龙利鱼柳200克·豆腐100克·番茄200克
金针菇50克

辅料

蛋清20克·白胡椒粉1/2茶匙·盐1/2茶匙
食用油1/2茶匙·蒜末3克·番茄酱1汤匙
生抽1茶匙·玉米淀粉1茶匙·香葱碎2克

做法

1 龙利鱼柳洗净，控干水分，切3厘米见方的块，放入蛋清、白胡椒粉和盐拌匀，腌10分钟。

2 金针菇切去老根，洗净后撕成小束；豆腐切成2厘米见方的块。

参考热量表

龙利鱼柳200克…104千卡

豆腐100克…84千卡

番茄200克…30千卡

金针菇50克…16千卡

蛋清20克…12千卡

合计246千卡

3 番茄洗净后去蒂、去皮，切成小丁，放入碗中备用。

4 取一煮锅，烧适量水，水沸后下入豆腐，焯水1分钟捞出。

5 再放腌制好的龙利鱼块，煮至八成熟捞出。

6 另起一炒锅，锅热后倒油，油微热后放入蒜末炒香。

7 倒入番茄丁，中火煸炒出汤汁，然后加入番茄酱翻炒均匀。

8 再向锅内加入适量清水、生抽和盐，中小火慢慢熬至浓稠。

烹饪秘籍

汤汁的酸甜度可以根据个人偏好调整，用白醋和糖控制；如果想吃辣味，可以加点黄辣椒酱，味道也不错。

9 向锅内放入豆腐块和金针菇煮熟，再放入龙利鱼块，小火炖入味。

10 最后用玉米淀粉和水调成水淀粉，倒入汤汁里勾个芡，撒点香葱碎即可。

天冷的时候吃上这么热气腾腾、好吃又好看的一锅，简直是人生享受。在万物皆能包容的番茄浓汤里，味道鲜美、肉质滑嫩、蛋白质含量丰富且无刺的龙利鱼，搭配豆腐及金针菇，缔造了这道健康营养的人间美味。

春日里的小清新

虾仁春笋炒蛋

🕐 **烹饪时间** 15分钟　　👨‍🍳 **难易程度** 简单

参考热量表

鲜虾仁100克…48千卡
春笋200克…50千卡
鸡蛋100克…144千卡
合计242千卡

主料

鲜虾仁100克 · 春笋200克 · 鸡蛋2个（约100克）

辅料

姜丝2克 · 料酒3茶匙 · 食用油1/2茶匙
盐1/2茶匙 · 香葱碎少许

做法

1 鲜虾仁挑去虾线后洗净，控干水分，放入碗中，加入姜丝和1茶匙料酒抓匀，腌制10分钟。

2 将新鲜的春笋洗净后切薄片，用热水焯一下，控干备用。

3 鸡蛋磕入碗中，再倒入2茶匙料酒搅打均匀。

4 取一炒锅，烧热后倒油，中火烧至油微热，倒入蛋液，用筷子滑散，盛出备用。

5 锅内不用重新倒油，直接放入虾仁和春笋片，翻炒至虾仁成熟。

6 把刚才炒好的鸡蛋倒回锅中，加入盐调味，撒少许香葱碎点缀即可。

烹饪秘籍

炒鸡蛋时在蛋液中加入料酒有两大妙用：一是去腥；二是可以使炒出来的鸡蛋更加蓬松，口感更好。

海里的虾、地里的笋和陆上的蛋，浅黄粉嫩的颜色与春季的色调极为搭配。春笋的季节很短，其质地鲜嫩、口感脆爽，有助于宽肠排毒；虾仁和鸡蛋都是补充优质蛋白质的食材，口感嫩滑，鲜美醇香。不要偷偷去添饭哦。

美味海鲜小吃

蒸虾饼

🕐 **烹饪时间** 40分钟　　🍳 **难易程度** 简单

🥢 健身讲究"三分练、七分吃"。要变着花样做些好吃又不长肉的食物，不然怎么坚持走完减脂这条路呢？虾是高蛋白低脂肪的食物，用最能保留原味和最少破坏营养的清蒸方法做出这道虾饼，希望可以陪你坚持到减脂成功的那天。

主料

虾仁300克·胡萝卜50克·洋葱50克
香菇50克

辅料

生抽1/2茶匙·蚝油1/2茶匙
白胡椒粉1/2茶匙·盐1/2茶匙
料酒1茶匙·香葱碎少许

做法

1　虾仁挑去虾线后洗净，控干水分，剁成糜，越细越好，放在碗中备用。

2　胡萝卜洗净、去皮，剁成碎粒；洋葱洗净后控水，切碎；香菇去蒂、切碎粒。

3　将虾糜和蔬菜碎混合，加入生抽、蚝油、白胡椒粉、盐和料酒，拌匀腌制15分钟。

4　用勺子蘸热水，将腌好的虾糜挖成大小适中的虾球，码入盘中，沸水上锅，大火蒸制5分钟即可。

参考热量表

虾仁300克⋯144千卡
胡萝卜50克⋯16千卡
洋葱50克⋯20千卡
香菇50克⋯13千卡
合计193千卡

烹饪秘籍

蔬菜和虾肉切得越细碎越好，也可以换成其他食材，比如西蓝花、紫甘蓝或豆腐等，都是可以的。

温暖整个冬天

牛肉豆腐锅

🕐 烹饪时间 110分钟　　🍳 难易程度 中等

冬天是吃暖身砂锅的季节。不用担心牛肉会使人发胖，牛肉的蛋白质含量高，脂肪含量低，香味浓郁，搭配饱腹感十足的豆腐，根本不用担心会吃多。这样温暖的食物，就是冬天里最简单的幸福。

主料

牛肉300克·豆腐300克

辅料

洋葱30克·秋葵30克
鸡蛋1个（约50克）·姜片3克
酱油1汤匙·盐1/2茶匙

参考热量表

牛肉300克…318千卡
豆腐300克…252千卡
洋葱30克…12千卡
秋葵30克…8千卡
鸡蛋50克…72千卡
合计662千卡

烹饪秘籍

打入鸡蛋后马上关火，用余温将鸡蛋闷至半熟，会有温泉蛋的效果，吃的时候用牛肉蘸半熟的蛋黄吃，非常美味。

做法

1 将牛肉切成3厘米见方的块，焯水，洗净后加入姜片和没过牛肉的热水，大火煮沸后转小火炖1小时，炖到肉质变软。

2 将秋葵和洋葱洗净。秋葵切掉根部，斜切成块；洋葱切成粗条；豆腐切成和牛肉差不多大的块。

3 将洋葱和豆腐码放在砂锅中，洋葱铺底，豆腐放在一边。

4 将煮好的牛肉汤和牛肉转移到砂锅中，倒入酱油和盐。

5 盖上盖子，小火焖煮30分钟，然后放入秋葵，煮5分钟至断生。

6 打开盖子，在食材上打上一个鸡蛋，关火，加盖闷5分钟就可以了。

健康的减脂主食
牛肉乌冬面

🕐 烹饪时间 15分钟　🍳 难易程度 简单

参考热量表

乌冬面300克…377千卡
牛肉100克…106千卡
洋葱50克…20千卡
红甜椒30克…5千卡
蒜片5克…6千卡
合计514千卡

主料

乌冬面300克 · 牛肉100克

辅料

洋葱50克 · 红甜椒30克 · 蒜片5克 · 橄榄油1/2茶匙
蚝油1/2茶匙 · 老抽1/2茶匙 · 盐1/2茶匙
香葱碎少许

做法

1 乌冬面在沸水中氽烫30秒，捞出过冷水，放一旁控干水分。

2 牛肉洗净后切片；红甜椒洗净后去子，切成与乌冬面粗细差不多的丝；洋葱切丝。

3 取一炒锅，烧热后放入橄榄油，油微热后放入洋葱丝和蒜片煸炒出香味。

4 放入牛肉片，中火翻炒至牛肉变色。

5 加入蚝油调味，再加少许老抽提色，翻炒至牛肉裹满酱汁。

6 倒入乌冬面，用筷子迅速滑散，倒入30毫升温水，盖上锅盖，转小火焖30秒。

烹饪秘籍

如果时间充裕，可以提前腌制一下牛肉，使牛肉更入味。腌制方法是用盐、生抽、老抽和啤酒腌8分钟。牛肉与啤酒的比例是5:1。这样做出来的肉不但不老，而且别有清香。平时炒牛肉时也可以试试哦。

7 打开锅盖，轻轻翻炒至面条裹满牛肉酱汁。

8 最后加入红甜椒丝和盐，翻炒均匀，即可出锅装盘，撒少许香葱碎点缀即可。

大片的牛肉被乌冬面缠绕在碗里，混合着洋葱和甜椒，还有阵阵
蒜香，十分诱人。牛肉是高蛋白低脂肪的健康肉类，有助于增肌
减脂。这道面是健身期间可以常吃的减脂主食。

谁说减脂不能吃肉

番茄酸菜炖牛肉

⏱ **烹饪时间** 150分钟　🍳 **难易程度** 复杂

参考热量表

牛肉200克…212千卡

圆白菜200克…48千卡

酸菜100克…15千卡

口蘑100克…277千卡

洋葱30克…12千卡

番茄膏15克…12千卡

合计576千卡

主料

牛肉200克·圆白菜200克·酸菜100克
口蘑100克·洋葱30克

辅料

番茄膏1汤匙·盐1/2茶匙·黑胡椒粉1/2茶匙
料酒1汤匙·香葱碎少许

做法

1 牛肉洗净,切成类似小拇指第一指节大的丁,焯水备用。

2 将所有蔬菜洗净。圆白菜去硬梗,切5毫米粗的丝;酸菜切小段;口蘑一切为四;洋葱切粗丝。

3 取一不粘锅,烧热后放入牛肉,小火翻炒至两面焦黄,盛出备用。

4 继续向锅内放入圆白菜丝和洋葱丝,加少许盐,翻炒至圆白菜变软,盛出备用。

5 向锅内放入口蘑,撒一点盐,用中火炒到口蘑出水,转小火慢慢把水分炒干。

6 再把焯好的牛肉放入锅中,再放入炒好的圆白菜丝、洋葱丝和酸菜段一起翻炒。

烹饪秘籍

将炒蘑菇出的水再收干这一步必不可省,这是使得蘑菇口感筋道的关键。

7 向锅内加入黑胡椒粉、番茄膏、料酒和足量清水,盖上锅盖,小火煮2小时。

8 最后尝一下咸淡,视情况加少许盐调味,盛出,撒少许香葱碎点缀即可。

番茄总能恰到好处地刺激味蕾，略带烟熏味道的牛肉浓汤让人欲罢不能。酸菜作为腌制食品虽然没有新鲜蔬菜营养价值高，但胜在方便、好吃、富含膳食纤维，能提升肠胃功能。

养胃又温暖

牛肉炖萝卜

⏱ **烹饪时间** 60分钟　　🍲 **难易程度** 中等

参考热量表

牛肉300克⋯318千卡

白萝卜300克⋯48千卡

合计366千卡

主料

牛肉300克 · 白萝卜300克

辅料

葱5克 · 姜5克 · 食用油2克 · 生抽1/2茶匙
胡椒粉1/2茶匙 · 盐1/2茶匙

做法

1　将牛肉切成3厘米见方的块，冷水下锅，水沸后转小火煮5分钟，撇去浮沫。

2　把牛肉捞出，用温水冲洗干净，控干水分备用。

3　白萝卜洗净、去皮，切和牛肉大小相同的块；姜切姜片和姜末；葱切葱段和葱碎。

4　起一煮锅，倒入油，油热后爆香葱碎和姜末。

5　然后放入牛肉块，加入生抽翻炒均匀。

6　加入葱段、姜片和胡椒粉，倒入没过牛肉的热水，大火煮沸后盖上锅盖，转小火煮炖30分钟。

烹饪秘籍

不要加太多的生抽，加多了不仅汤的颜色会深，而且会盖住食物本身的味道。生抽的主要作用是提鲜，咸淡可以通过加盐调节。

7　加入白萝卜，把肉翻到萝卜上面，盖上锅盖，继续炖煮。

8　等到白萝卜透明且肉香四溢时关火，加盐调味，葱花点缀就可以了。

大块精瘦的牛肉和软烂通透的萝卜，浸泡在清澈的高汤里，一口下去，暖暖的、很满足。白萝卜可以助消化，宽肠通便。冬天里喝一碗这样的汤，能够温暖每一颗想家的心。

蚝油芦笋牛肉粒

🕐 烹饪时间 20分钟　🍲 难易程度 简单

参考热量表

牛肉200克⋯212千卡
芦笋250克⋯55千卡
合计267千卡

主料

牛肉200克·芦笋250克

辅料

蚝油1茶匙·黑胡椒粉1/2茶匙·淀粉2茶匙
料酒1汤匙·食用油1/2茶匙·蒜蓉3克
姜蓉3克·老抽1/2茶匙·葱花少许

做法

1 牛肉洗净后切成1厘米见方的丁；芦笋洗净，去掉老根，切1厘米见方的丁。

2 牛肉丁中放蚝油、黑胡椒粉、淀粉和料酒，搅匀后腌制15分钟。

3 取一炒锅，烧热后放油，中火将蒜蓉和姜蓉炒香。

4 放入腌好的牛肉丁，滑炒至完全变色，盛出备用，不用关火。

5 把芦笋放入炒锅中，大火炒2分钟至断生，淋入少许清水。

6 将牛肉丁倒回锅中，加入老抽，翻炒均匀即可出锅，点缀葱花。

── 烹饪秘籍 ──

1. 腌制牛肉丁时最好用手抓，而且多捏几下，可以让肉更入味。
2. 滑炒牛肉粒时油温不要太高，五六成热即可，不然肉质容易变老。

芦笋的时令性很强，所以每当有新的芦笋上市，大家都会买来尝一尝。用蚝油和黑胡椒调味，有些中西合璧的感觉，当然这样经过历史考验的搭配是绝对没问题的。

低脂狮子头

⏱ 烹饪时间 60分钟 　🍲 难易程度 复杂

参考热量表

纯瘦猪肉250克…358千卡
荸荠70克…43千卡
山药150克…86千卡
合计487千卡

主料

纯瘦猪肉250克 · 荸荠70克 · 山药150克

辅料

葱5克 · 姜3克 · 盐1/2茶匙 · 蚝油1/2茶匙
蒸鱼豉油1/2茶匙 · 香葱碎少许

做法

1 猪肉洗净后擦干水分，剁成肉泥。

2 荸荠和山药洗净后去皮，荸荠切成小丁，山药用料理机打成糊状。

3 葱姜剁成末，将以上食材全部混合在一起，放在一个碗中。

4 往碗中加入盐和蚝油，用三只筷子沿着一个方向搅打肉馅至上劲。

5 用手抓起肉馅反复拍打捏紧，把肉馅里的空气排出，再揉成丸子的形状。

6 锅内烧开水，将丸子溜边滚入锅中，余烫至表面定形后捞出，码放在盘子里。

烹饪秘籍

搅打肉馅时加盐不仅可以增加咸味，而且能够提高肉馅的黏稠度。

7 取一蒸锅，水沸后将装有丸子的盘子放入蒸屉，盖上锅盖，蒸20分钟。

8 最后将盘子取出，每个狮子头上淋蒸鱼豉油，撒少许香葱碎点缀就可以了。

传统的狮子头，是一道让人又爱又恨的高热量美味。而这道低脂狮子头，用山药代替肥肉，保持肉质的蓬松，荸荠则增加了爽脆的口感，整体的热量低了好多，美味却丝毫未减。

越老越香醇
竹笋老鸭煲

🕐 烹饪时间 120分钟　　🍳 难易程度 中等

参考热量表

老鸭500克…450千卡
竹笋200克…46千卡
腊肉30克…208千卡
香菇20克…5千卡
菜心20克…6千卡
合计715千卡

主料

老鸭500克·竹笋200克

辅料

腊肉30克·香菇20克·菜心20克·姜片5克
料酒10克·盐1/2茶匙·香葱段少许

做法

1　用镊子把老鸭所有的毛都拔干净，内外都冲洗干净。

2　取一煮锅，加入适量凉水，下入整只老鸭，再加入部分姜片和少许料酒，水沸后煮3分钟捞出老鸭，弃掉姜片。

3　竹笋洗净后切大块，香菇和菜心洗净，腊肉切厚片。

4　砂锅中放入老鸭、竹笋、剩余姜片和料酒，倒入没过鸭子的热水，开大火煮沸，转中火炖90分钟。

5　90分钟后，放入香菇和腊肉，继续炖15分钟。

6　最后放入菜心煮半分钟，加盐调味，点缀香葱段即可。

— 烹饪秘籍 —

煲汤的时候可以加入适量纯牛奶，这样煲出来的汤会更白，也更有营养。

鸭肉很适合在夏天食用，可以去火、消水肿，让我们在燥热的天气里少些浮躁，多些平静；竹笋可以帮助肠胃蠕动，促进消化。煲汤时在汤里放一些当季的时蔬，清爽又营养。

连汤带"米"一起吃

番茄烩菜花米

🕐 烹饪时间 20分钟　🍳 难易程度 中等

参考热量表

菜花300克…60千卡
番茄70克…11千卡
北豆腐100克…116千卡
番茄酱15克…12千卡
合计199千卡

主料

菜花300克·番茄70克·北豆腐100克

辅料

料酒1汤匙·番茄酱1汤匙·盐1/2茶匙
香菜碎3克·香油2滴

做法

1　菜花洗净，沥干水分，放入料理机打成小颗粒，打好后若有水分一定要挤掉。

2　番茄洗净，去蒂，切小块；北豆腐冲洗一下，切成1厘米见方的小块。

3　取一不粘锅，烧热后放入番茄块和盐，翻炒至番茄变软出汁。

4　然后放入北豆腐块，倒入料酒和番茄酱，稍微翻动均匀后盖上锅盖，中火加热5分钟。

5　最后放入挤过水的菜花米，煮两三分钟到菜花变软、汤汁变得浓稠，关火。

6　出锅时滴两滴香油，撒上香菜碎就可以了。

烹饪秘籍

挑选菜花时，最好选择白色、叶子呈浅绿色并紧裹周围的。不要买发黄或有黑点的，那样的就不太新鲜了。

菜花含水量丰富、热量低，很容易产生饱腹感；北豆腐富含植物蛋白质。软滑的豆腐搭配打成"米"一样的菜花，稀里呼噜，连汁带"米"一起吃，好过瘾。

没有肉丝更好吃

鱼香山药

🕐 烹饪时间 30分钟　👨‍🍳 难易程度 复杂

参考热量表

铁棍山药400克…228千卡

干木耳20克…53千卡

胡萝卜40克…13千卡

合计294千卡

主料

铁棍山药400克·干木耳20克·胡萝卜40克

辅料

食用油1/2茶匙·葱姜蒜末共10克·生抽1/2茶匙
老抽1/2茶匙·醋1茶匙·料酒1茶匙·盐1/2茶匙
香油1毫升·淀粉3克·香葱碎少许

做法

1　木耳提前一夜用凉水泡开。

2　铁棍山药洗净，去皮，切小段；胡萝卜洗净，去皮，刨丝；木耳去蒂，洗净，切丝。

3　取一蒸锅，水沸后放入山药段，大火蒸10分钟。

4　将生抽、老抽、醋、料酒、盐、香油和淀粉混合在一个小碗中，搅匀备用。

5　取一炒锅，烧热后放入适量油，放入葱姜蒜末，中火煸炒出香味。

6　放入胡萝卜丝和木耳丝翻炒均匀，再放入蒸好的山药段。

烹饪秘籍

可以先蒸山药然后再剥皮，这样不会导致手痒，而且不会在削滑滑的山药皮时发生危险。

7　将步骤4中混合好的调料汁倒入锅内，翻炒到颜色均匀后盖上锅盖，中火煮3分钟。

8　最后大火收汁，关火盛出，撒少许香葱碎点缀即可。

山药可助消化、缓解腹胀；木耳可清除体内垃圾、润肺滑肠；胡萝卜是抗氧化、淡斑的小能手。这又是一个荤菜素做的典型代表，是不是没有肉丝感觉更好吃了？

三杯杏鲍菇

⏱ 烹饪时间 15分钟　🍳 难易程度 简单

参考热量表

杏鲍菇400克…140千卡
罗勒10克…3千卡
合计143千卡

主料

杏鲍菇400克 · 罗勒10克

辅料

香油1/2茶匙 · 姜片3克 · 蒜片3克 · 干红辣椒3克
冰糖4克 · 酱油1/2茶匙 · 白酒1茶匙 · 盐1/2茶匙

做法

1 杏鲍菇洗净后斜切成片，罗勒洗净后择成小朵，干红辣椒掰开备用。

2 取一炒锅，烧热后加入香油，油微热后放入姜片、蒜片和干红辣椒，小火慢慢煸炒出香味。

3 将切好的杏鲍菇倒入锅中，中火翻炒几下。

4 放入冰糖，小火翻动使冰糖慢慢融化，直至焦糖裹满杏鲍菇。

5 倒入酱油和白酒，再加一小杯水，盖上锅盖，焖3分钟。

6 最后放入罗勒，大火收汁，加盐调味即可。

烹饪秘籍

切杏鲍菇时要斜切，大约45°下刀，这样切出来的杏鲍菇比较容易嚼。

杏鲍菇有杏仁的香气和鲍鱼的口感，而且含有丰富的膳食纤维，可以帮助我们润肠通便，带走肠道内的垃圾和毒素。用制作荤菜的方法烹制出来的杏鲍菇，味道和功效一样好。

罗宋汤最早起源于寒冷的俄罗斯和东欧地区，味道酸甜又浓郁，还添加了牛肉，喝了之后火力全开、战斗力十足。没有肉的全素罗宋汤也很好喝，而且不会腻。五种蔬菜的味道和营养都融合在一起，美容又瘦身，当心喝上瘾哦！

有滋味的暖身浓汤
全素罗宋汤

🕐 烹饪时间 25分钟　　难易程度 简单

主料

土豆100克 · 胡萝卜100克
番茄100克 · 圆白菜100克
西芹100克

辅料

番茄膏1汤匙 · 盐1/2茶匙
黑胡椒粉1/2茶匙 · 香葱碎少许

参考热量表

土豆100克…81千卡
胡萝卜100克…32千卡
番茄100克…15千卡
圆白菜100克…24千卡
西芹100克…17千卡
番茄膏15克…12千卡
合计181千卡

做法

1 将所有主料洗净，土豆和胡萝卜去皮，切滚刀块。

2 番茄去皮后切大块，圆白菜用手撕成大片，西芹切成3厘米长的段。

3 取一煮锅，烧适量水，放入胡萝卜、土豆和番茄，煮15分钟，煮到番茄都化在汤里。

4 往锅里放入番茄膏，用勺子搅拌，化开在汤里。

5 再放入比较容易熟的西芹和圆白菜，煮2分钟。

6 最后放入盐和黑胡椒粉调味，撒少许香葱碎点缀。

烹饪秘籍

如果想要增加异域风味，可以加一点综合香料，自带研磨器的那种。加入综合香料的汤，味道会更加神秘，可以试一下哦。

第四章
好吃懒做

工作太忙？
烹饪小白？
教你做简单又美味的
快手料理

清纯小鲜肉

蔬菜鸡胸肉饼

⏱ 烹饪时间 35分钟　　👨‍🍳 难易程度 中等

参考热量表

鸡胸肉300克…399千卡
鸡蛋50克…72千卡
胡萝卜50克…16千卡
青椒50克…11千卡
合计498千卡

主料

鸡胸肉300克·鸡蛋1个（约50克）
胡萝卜50克·青椒50克

辅料

淀粉适量·盐1/2茶匙·生抽1/2茶匙
白胡椒粉1/2茶匙·香油1/2茶匙·番茄沙司少许

做法

1　鸡胸肉洗净后剁成肉
糜，胡萝卜和青椒洗净
后剁成碎粒。

2　将鸡肉糜和蔬菜碎放
在一个大碗中，打入鸡
蛋，混合均匀。

3　根据黏稠程度加适
量淀粉调节，然后加入
盐、生抽、白胡椒粉和
香油调味。

4　将混合好的肉馅倒入
平底的容器中，最上面
刷少许香油保湿。

5　取一蒸锅，凉水入
锅，开大火，蒸汽上来
之后转中火蒸20分钟。

6　最后将整块肉饼取
出，切成大块盛盘，淋
少许番茄沙司佐食。

—— 烹饪秘籍 ——

也可以用烤箱烤着吃，200℃烤20
分钟就可以了，口感非常鲜嫩。

鸡胸肉拥有高蛋白、低脂肪的优点，且性价比极高，因此它理所当然成为健身人士的选择。但如何解决鸡胸肉干柴的问题，常常令人头疼。这道鸡胸肉饼或许可以给你带来全新的体验。

153

有些人体态臃肿是由于水肿，减脂之前可以先吃一些利尿消肿的食材。冬瓜能够帮助身体迅速排出多余水分，让你消除水肿，恢复窈窕身材。

肉末冬瓜汤

🕐 烹饪时间 18分钟　　📖 难易程度 简单

主料
猪肉50克·冬瓜400克

辅料
香葱10克·生抽1/2茶匙·淀粉1茶匙
盐1/2茶匙·白胡椒粉1/2茶匙
香油2毫升

参考热量表

猪肉50克…72千卡

冬瓜400克…48千卡

香葱10克…3千卡

合计123千卡

做法

1　猪肉洗净后切成肉末，加盐、生抽、白胡椒粉和淀粉抓匀，腌制10分钟。

2　冬瓜洗净后去皮、去瓤，切小块；香葱洗净，切葱花备用。

3　取一炒锅，烧热后倒入香油，油微热后放入肉末爆香，炒至变色。

4　加冬瓜继续翻炒1分钟，倒少许生抽，翻炒均匀后加适量清水。

5　大火煮沸后转中小火焖煮3分钟，然后加盐调味。

6　最后关火，撒上香葱碎就可以出锅了。

烹饪秘籍

如果家里有虾米，可以在出锅前2分钟放一把虾米，冬瓜和虾米是绝配，煮出来的汤超级鲜美。

懒人专属拿手菜
日式金针菇牛肉卷

🕐 **烹饪时间** 20分钟　📋 **难易程度** 简单

这道菜可是所有懒人的专属拿手菜，虽然制作简单，但是味道超赞。牛肉是高蛋白低脂肪的肉类，搭配高钾低钠、能够降血脂和胆固醇的金针菇，既健康又美味。最关键的是做法超简单，谁说懒人会被饿死？

主料

火锅牛肉卷250克·金针菇200克

辅料

米酒1汤匙·生抽2茶匙·白糖1茶匙
葱丝5克·盐1/2茶匙·食用油适量
香葱碎少许

参考热量表

火锅牛肉卷250克···265千卡
金针菇200克···64千卡
合计329千卡

做法

烹饪秘籍

可以尝试加一些其他食材，会有意想不到的效果，比如出锅之前挤少许柠檬汁或放薄荷叶一起炒，味道都会很惊艳。

1 牛肉卷解冻后，倒入米酒和生抽腌制8分钟。

2 金针菇切去根部，洗净后撕成小束备用。

3 取一炒锅，锅热后放油，油微热后放入金针菇，翻炒至半熟。

4 放入腌好的牛肉，用筷子把牛肉快速滑炒开。

5 加一点清水，盖上锅盖，焖3分钟，然后大火收汁。

6 最后放入葱丝、白糖和盐调味，点缀香葱碎。

颜味俱佳

紫菜蛋炒饭

`🕐烹饪时间` 10分钟　`难易程度` 简单

参考热量表

米饭400克⋯464千卡
紫菜10克⋯25千卡
鸡蛋50克⋯72千卡
青椒30克⋯7千卡
合计568千卡

主料

隔夜米饭400克

辅料

紫菜10克·鸡蛋1个（约50克）·青椒30克
食用油1/2茶匙·盐1/2茶匙·花椒粉1/2茶匙
香葱碎少许

做法

1　往隔夜饭中倒入适量清水，把米饭拨散备用。

2　鸡蛋磕入碗中打散；紫菜撕成小片；青椒洗净后去瓤、去子，切丁。

3　锅中倒油，油微热后倒入鸡蛋，调中小火，用筷子快速搅散，不要炒到全熟，盛出。

4　向锅内放入米饭，中火翻炒1分钟，然后放入青椒，翻炒几下。

5　等青椒丁变色之后放入紫菜片和鸡蛋，小火翻炒至所有食材混合均匀。

6　最后加盐和花椒粉调味，点缀香葱碎。

> **烹饪秘籍**
>
> 隔夜饭容易粘成一团，在下锅之前先加少许水把它拨散，这样米饭会变软，在炒的时候不容易手忙脚乱。

这道蛋炒饭米粒润泽莹亮，紫菜鲜香柔软。紫菜富含碘元素，可以预防缺碘性甲状腺肿大。减脂期也要适当吃米饭，特别是这道名副其实的健康主食。

简朴的美味

茄丁煎蛋

⏱烹饪时间 60分钟　🍳难易程度 中等

参考热量表

茄子300克…69千卡
鸡蛋150克…216千卡
合计285千卡

主料

茄子300克·鸡蛋3个（约150克）

辅料

食用油1/2茶匙·盐1/2茶匙·花椒粉1/2茶匙

做法

1 茄子洗净后去皮，切碎，切得越碎越好。

2 取一无水无油的炒锅，把茄丁倒进去，开中小火翻炒。

3 慢慢翻炒到茄丁逐渐由白色变成褐色，并且有大量水汽冒出。

4 继续翻炒到茄丁完全变成褐色后盛出，铺开晾凉，等茄子完全凉透。

5 向晾凉的茄子中打入鸡蛋，搅拌均匀，成为比较稀的糊状，加入盐和花椒粉调味。

6 炒锅烧热后放油，油微热后倒入茄丁鸡蛋糊，小火慢慢煎至内部完全凝固，两面颜色变深即可。

烹饪秘籍

煎茄子时一定要确保所有白色的茄肉都变成褐色的才可以关火进行下一步，不然会夹生，影响整体的口感和味道。

茄子的热量极低，很适合减脂人群食用。这道菜相比其他以茄子为原材料的菜来说是很省油的，成品鲜香软滑，味道和口感绝对惊艳你的味蕾。

快手早餐料理

圆白菜烘蛋

⏱ 烹饪时间 25分钟　🍲 难易程度 简单

参考热量表

圆白菜200克…48千卡
面粉20克…72千卡
鸡蛋100克…144千卡
合计264千卡

主料

圆白菜200克・面粉20克・鸡蛋2个（约100克）

辅料

盐1/2茶匙・黑胡椒粉1/2茶匙・食用油1/2茶匙
香葱碎少许

做法

1 圆白菜洗净后切细丝，越细越好，然后放在一个大碗中，加盐抓匀，静置10分钟。

2 磕1个鸡蛋到圆白菜中，并加入少许水，搅匀后倒入面粉，再次搅匀。

烹饪秘籍

圆白菜尽量切细一些，便于和成糊，也易于摊成圆形。

3 向面糊中加入盐和黑胡椒粉，拌匀。

4 取一煎锅，烧热后倒油，转动锅使油均匀铺在锅底。

5 向锅内倒入圆白菜糊，用锅铲修整成圆形，开小火慢慢烘。

6 当烘到底部凝固时，再在上面磕1个鸡蛋，盖上锅盖，继续烘到自己喜欢的鸡蛋的熟度，点缀香葱碎。

微微煎过的圆白菜味道很清新。圆白菜抗氧化、抗衰老的效果很好，也是瘦身人群的理想减脂蔬菜，可以帮助肠胃蠕动、促进消化。明天早上用一道圆白菜烘蛋唤醒一天的好心情吧。

回味无穷

韭菜虾皮鸡蛋饼

🕐 **烹饪时间** 15分钟　　🍳 **难易程度** 简单

🥢 切得细碎的韭菜均匀分布在蛋液里，在锅中缓慢流淌成温润的圆形，随着温度的升高渐渐散发出迷人的香气。韭菜可以促进消化，还能护肤明目；虾皮提升了营养与口感，让你回味无穷。

主料

韭菜100克·鸡蛋2个（约100克）
虾皮30克·面粉80克

辅料

食用油1/2茶匙

做法

1 韭菜洗净后控干水分，切碎；鸡蛋磕入大碗中打散备用。

2 将韭菜、虾皮和面粉加入鸡蛋液中，加入少量清水，搅拌均匀成糊状。

3 不粘锅烧热，倒入油，油微热后倒入适量面糊，中小火煎至两面金黄。

4 分次煎好所有面糊，可以直接吃，也可以切块或卷成小卷吃。

参考热量表

韭菜100克…25千卡
鸡蛋100克…144千卡
虾皮30克…46千卡
面粉80克…290千卡
合计505千卡

― 烹饪秘籍 ―

因为虾皮本身是咸的，所以就不用再额外放盐了，控制盐的摄入也是减脂的关键要素哦。

越简单越健康

黄瓜木耳炒鸡蛋

⏱烹饪时间 10分钟　🍳难易程度 简单

🍱 木耳厚实弹润，黄瓜清脆爽口，鸡蛋软嫩鲜美。木耳能够排毒清肠，黄瓜可以排水消脂，鸡蛋为我们提供丰富蛋白质。这样营养的美味只需 10 分钟就能做好，真是太棒了！

主料

黄瓜300克·干木耳20克
鸡蛋2个（约100克）

辅料

葱花10克·食用油1/2茶匙
盐1/2茶匙·料酒1茶匙

参考热量表

黄瓜300克…48千卡
干木耳20克…53千卡
鸡蛋100克…144千卡
葱花10克…3千卡
合计248千卡

烹饪秘籍

1. 打蛋液的时候放料酒可以去除鸡蛋的腥味，还会让炒出的鸡蛋更蓬松、口感更好。

2. 鸡蛋成形后一定要快速盛出，因为后面还要二次入锅，鸡蛋老了就不好吃了。

做法

1 干木耳提前一夜用凉水泡发。

2 黄瓜洗净后切片；木耳去蒂，洗净，控干水分。

3 鸡蛋磕入碗中，加料酒和盐，沿一个方向搅打均匀。

4 取一炒锅，烧热后倒油，油微热后倒入蛋液，稍微成形后盛出。

5 再倒一点油，放入葱花爆香，再放入木耳翻炒。

6 最后放入鸡蛋和黄瓜，放盐调味，翻炒均匀即可关火出锅。

被番茄俘虏的豆腐

番茄冻豆腐蔬菜汤

🕐 烹饪时间 20分钟　　🍳 难易程度 简单

参考热量表

冻豆腐400克…336千卡

番茄60克…9千卡

小油菜40克…5千卡

合计350千卡

主料

冻豆腐400克 · 番茄60克 · 小油菜40克

辅料

香菜碎5克 · 食用油1/2茶匙 · 料酒2茶匙
味噌酱1茶匙 · 白胡椒粉1/2茶匙 · 盐1/2茶匙

做法

1　冻豆腐提前解冻，切成1厘米厚的片；番茄洗净后去蒂，切小块；小油菜洗净后掰开。

2　取一炒锅，烧热后放油，油微热后下入番茄和料酒，翻炒一下。

3　炒到番茄变软，放入冻豆腐，轻轻翻炒至豆腐裹满番茄汁。

4　向锅内倒入适量水，盖上锅盖，大火煮沸后转小火焖5分钟。

5　准备出锅前放入小油菜，煮半分钟。

6　在小碗里放味噌酱、白胡椒粉和盐，盛一勺锅里的汤汁，把酱调开。

烹饪秘籍

1. 在翻动冻豆腐时动作一定要轻柔。

2. 油菜也可以换成其他的绿叶青菜或者菌菇类，根据蔬菜成熟的难易程度适当调整烹调时长。

7　然后关火，倒入酱汁搅匀，再盖上锅盖，闷1分钟。

8　最后撒上香菜碎，就可以吃啦。

整颗番茄融化在锅里，宣扬着自己的味道；冻豆腐像小海绵一样吸满鲜美的汤汁。这道汤不需花费很多时间，不急不躁也可以做出好吃的快手美食。

减脂无压力
虾仁豆腐羹

🕐 烹饪时间 20分钟　🍳 难易程度 简单

参考热量表

嫩豆腐200克…174千卡
虾仁50克…24千卡
干香菇20克…55千卡
鸡蛋100克…144千卡
合计397千卡

主料

嫩豆腐200克·虾仁50克·干香菇20克
鸡蛋2个（约100克）

辅料

盐1/2茶匙·料酒1茶匙·香油2毫升
香葱碎3克

做法

1 干香菇提前一夜用凉水泡发。

2 香菇洗净，切小丁；虾仁去虾线，洗净，切小丁。

3 嫩豆腐在干净无水的大碗中捣成泥，然后磕入鸡蛋，搅拌均匀。

4 将香菇丁和虾仁丁倒入豆腐泥中，混合均匀。

5 调入盐和料酒，搅拌均匀后上火蒸，大火蒸10分钟。

6 最后出锅时淋上香油、撒上香葱碎就可以了。

烹饪秘籍

可选择嫩豆腐，也可选择北豆腐。嫩豆腐口感细腻嫩滑，北豆腐则营养更为丰富。可根据需要进行选择。

细腻嫩滑的豆腐与高蛋白的虾仁和百搭小能手鸡蛋融合，诞生了这道集颜值、美味、营养于一身的虾仁豆腐羹。整道菜富含蛋白质，而补充优质蛋白质是减脂增肌期间必做的功课，这道菜一定可以交给大家一份满意的答卷。

清清白白的美味卷

海苔豆腐卷

🕐 烹饪时间 10分钟　　👨‍🍳 难易程度 简单

🥄 两个看起来不搭边的食物凑
到了一起，没想到竟乱搭出
别具风味的美食。脆脆的海
苔配上软软的豆腐，一口下
去，两种口感，海苔和豆腐
互相提鲜，碰撞出的味道只
有亲口吃了才知道。

主料
北豆腐200克·海苔片30克

辅料
生抽1/2茶匙·香油1/2茶匙
盐1/2茶匙

参考热量表

北豆腐200克…232千卡
海苔片30克…81千卡
合计313千卡

做法

1　北豆腐冲洗一下，切大块。

2　烧适量沸水，把豆腐块下入锅中焯水，去掉豆腥味。

3　捞出豆腐，控干水分后捣碎，拌上生抽、香油和盐，调到自己喜欢的口味。

4　将豆腐泥平铺在海苔上，卷起来就可以吃了。

烹饪秘籍

卷好后要马上吃。因为豆腐湿，海苔脆，不要让豆腐把海苔浸泡软了才吃。为了保证最佳口感，可以卷一截吃一截。

平凡的满足

砂锅白菜豆腐

⏱ 烹饪时间 15分钟　🍳 难易程度 简单

🍲 清汤煲出来的白菜带着淡淡的清甜，北豆腐于柔软之中又带着一丝坚韧。只要15分钟就可以喝上这道清淡温暖的汤，想想都幸福。

主料

北豆腐200克 · 白菜200克

辅料

姜片3克 · 盐1/2茶匙 · 香油1毫升
香葱碎少许

参考热量表

北豆腐200克⋯232千卡
白菜200克⋯40千卡
合计272千卡

烹饪秘籍

码菜的时候可以把白菜帮放在最底层，中间放豆腐，最上面盖上菜叶，这样煮不至于让菜叶煮得过于软烂。

做法

1 白菜洗净后用手撕成小片；北豆腐冲洗一下，切成1厘米见方的块。

2 取一砂锅，砂锅内加适量水和姜片，大火煮沸。

3 煮沸后放入白菜和豆腐，盖上锅盖，小火焖煮10分钟。

4 关火，加盐和香油调味，撒少许香葱碎点缀。

自带背景音乐的小菜

白灼金针菇

🕐 烹饪时间 12分钟　　🍲 难易程度 简单

参考热量表

金针菇400克⋯128千卡

小米辣10克⋯4千卡

香葱5克⋯1千卡

合计133千卡

主料

金针菇400克

辅料

小米辣10克・香葱5克・生抽1/2茶匙・白糖2克
盐1/2茶匙・食用油1/2茶匙・香葱碎少许

做法

1　金针菇切去根部，撕成小束，洗净；小米辣洗净，去蒂，切成辣椒圈；香葱切碎备用。

2　取一煮锅，加适量水煮沸，然后熄火，马上放入金针菇焯水1分钟，捞出，控干水分。

3　取一小碗，碗里倒入生抽、白糖和盐，搅拌均匀备用。

4　将金针菇梳理整齐，码在碗中，浇上步骤3中的酱汁，撒上香葱碎。

5　取一炒锅，烧热后倒入食用油，油温升至八成热时转小火，放入辣椒圈快速爆香，然后捞出放在金针菇碗中。

6　锅内的油继续用大火烧至微微冒烟，关火，迅速浇在金针菇上，激发出葱花的香味，吃时拌匀，点缀香葱碎即可。

烹饪秘籍

金针菇焯水的时候一定要熄火，如果烫过头，金针菇就软塌塌的不好看了。

勤劳智慧的劳动人民把素菜做出了荤菜的味道。这道菜的灵魂就在最后"刺啦"那一下的浇油上，炽热的油激发出了众多调味料的香味，慢慢融入金针菇中，成就了这道经典美味。

这道菜不用给它"加油"

无油青椒炒杏鲍菇

🕐 烹饪时间 10分钟　　🍳 难易程度 简单

参考热量表

杏鲍菇400克…140千卡
青椒50克…11千卡
合计151千卡

主料

杏鲍菇400克

辅料

青椒50克·盐1/2茶匙·香葱碎少许

做法

1　杏鲍菇洗净后顺着纹理撕成长条，中等粗细就可以。

2　青椒洗净后去瓤、去子，切细长丝。

3　取一不粘锅，烧热后放入杏鲍菇，中火翻炒，令杏鲍菇均匀受热。

4　盖上锅盖，焖2分钟直到所有杏鲍菇变软。

5　然后放入青椒丝，翻炒一下。

6　最后放盐调味，点缀香葱碎。

烹饪秘籍

这道菜冷吃热吃都可以，绝对是零油低脂健康餐。

这道菜简单到不能再简单。在锅里无油煸炒杏鲍菇让其出水的方法非常简单，令杏鲍菇的口感肉头又筋道，搭配青椒的清香，如此质朴的味道你多久没有吃过了？

不平凡的美味

紫菜香菇杂粮粥

🕐 烹饪时间 18分钟   🍳 难易程度 简单

参考热量表

杂粮200克···658千卡
香菇30克···8千卡
干紫菜10克···25千卡
合计691千卡

主料

杂粮（红小豆、绿豆、大米、玉米糁、荞麦、碎豌豆）共200克·香菇30克

辅料

干紫菜10克·盐1/2茶匙·香油2毫升·醋2毫升

做法

1 提前一夜把杂粮洗净，浸泡在锅里，不用很多水，水和杂粮的比例是3：2就可以。

2 早上直接开火煮粥，水沸后转小火，继续焖10分钟。

3 此时把香菇洗净，切厚片；紫菜撕成小片备用。

4 把香菇片放入粥里一起煮5分钟，杂粮煮软了就可以了。

5 关火后，向锅中放入盐、香油和醋，搅拌均匀。

6 碗底铺好紫菜，把粥直接倒入碗里即可。

> **烹饪秘籍**
>
> 煮杂粮粥的水不要太多，最好稠一些，够煮香菇时刚没过香菇即可，这样粥汁才足够浓鲜。

这是一道特别适合用来做快手早餐的杂粮粥，只放少许调料，主要靠蘑菇和紫菜提鲜。紫菜可以消除水肿，帮助身体排除多余水分。简单的食材做出不平凡的美味，这便是幸福。

酸辣一口脆
脆腌黄瓜

⏱ 烹饪时间 35分钟 　🍳 难易程度 简单

参考热量表

黄瓜400克···64千卡
合计64千卡

主料
黄瓜400克

辅料
盐1茶匙·大蒜2克·小米辣2克·生抽1茶匙
醋1茶匙

做法

1 黄瓜洗净后对半切开，用小勺子把瓜瓤挖掉。

2 把黄瓜反扣在案板上，用菜刀把黄瓜拍平，斜切成2厘米长的段。

3 取一个大碗，放入黄瓜段，适量撒盐，用筷子拌匀，让盐和黄瓜充分接触，静置20分钟。

4 等待过程中将大蒜切成末，辣椒切成小片。

5 倒掉黄瓜腌出来的汁水，用纯净水将黄瓜表面的盐分冲洗干净，沥干，放入干净的碗中。

6 向碗中放入大蒜、小米辣、生抽、醋和盐，拌匀调味，腌制15分钟即可。

烹饪秘籍

腌好的黄瓜放到密封盒中，入冰箱里过一夜，第二天拿出来更好吃哦。

腌黄瓜酸甜清脆，还带着微微的辣味，好吃又下饭。在快节奏的今天，还自己在家做腌黄瓜的人越来越少了。赶快去菜市场买几根黄瓜，追寻一下记忆中的味道吧。

健康三兄弟

香甜三丝

⏱ **烹饪时间** 50分钟　🍳 **难易程度** 简单

参考热量表

干海带丝50克…45千卡
胡萝卜100克…32千卡
洋葱100克…40千卡
合计117千卡

主料

干海带丝50克·胡萝卜100克·洋葱100克

辅料

香油1/2茶匙·盐1/2茶匙·白糖1/2茶匙
酱油1茶匙·香菜碎少许

做法

1 提前30分钟把干海带泡发，然后用清水洗净，控干水分备用。

2 胡萝卜洗净，去皮，切细丝；洋葱去皮，切细丝。

3 取一炒锅，烧热后加香油，放入洋葱丝煎至焦黄，再放入胡萝卜丝，翻炒2分钟。

4 放入海带丝，翻炒一下，再放入白糖和酱油，翻炒均匀。

5 向锅内倒入小半杯水，大火煮沸后转小火，盖锅盖，焖10分钟，直到海带丝变软。

6 最后打开锅盖，开大火把酱汁收干，加盐调味，撒少许香菜碎点缀即可。

— 烹饪秘籍 —

吃的时候还可以拌上甜玉米粒，不仅色泽好看、口感更佳，还增加了膳食纤维，有助于消化。

胡萝卜和洋葱自带甜味，海带自带鲜味，而且美容消脂，还可以
修护发质，一身的优点。甜鲜味道的经典搭配直叫人拍手叫好。

换种吃法吃蔬菜
香煎秋葵

🕐 烹饪时间 10分钟　　👨‍🍳 难易程度 简单

📖 吃腻了水煮秋葵，今天我们换个吃法，做一道烧烤味的煎秋葵。秋葵由于营养价值高、味道好而被大众喜爱。秋葵对胃部疾病有改善作用，还可以促进消化。多放点孜然和蒜片，素菜的滋味也可以很浓郁。

主料

秋葵400克

辅料

橄榄油1/2茶匙·蒜片10克
孜然粒1茶匙·盐1/2茶匙

做法

1　秋葵洗净后去掉两端，纵向对半切开备用。

2　取一煎锅，烧热后用刷子涂上一层薄薄的橄榄油。

3　油微热后放入蒜片和孜然粒，小火慢慢煎出香味，直至蒜片微微焦黄。

4　然后放入秋葵，中小火一直煎到成熟变软，最后撒盐调味即可。

参考热量表

秋葵400克…100千卡
合计100千卡

烹饪秘籍

秋葵要买嫩的，大小约为食指的长度和粗度，太大的容易有比较老的纤维，影响口感。

清肠减脂，开胃解腻
凉拌鲍芹丝

🕐 烹饪时间 15分钟　🍳 难易程度 简单

📖 现在的人们越来越注重健康和养生，饮食也越来越清淡、简素。凉拌芹菜是必不可少的一道家常素食。这次选用的是爽脆清甜、无丝无渣的鲍芹作为主角，清肠减脂、开胃解腻。

主料

鲍芹300克·胡萝卜50克

辅料

香醋1茶匙·花椒油1/2茶匙
香油1/2茶匙·美极鲜酱油1/2茶匙
盐1/2茶匙

参考热量表

鲍芹300克…39千卡
胡萝卜50克…16千卡
合计55千卡

—— 烹饪秘籍 ——

1. 不能省略用凉开水泡鲍芹丝和胡萝卜丝这步骤，泡后非常脆爽。
2. 鲍芹与其他芹菜不同，这是一种生吃都不会有粗纤维的芹菜，没有土腥味，味道非常清甜。

做法

1 将鲍芹和胡萝卜洗净，胡萝卜去皮。

2 鲍芹斜切成细丝，胡萝卜也切细丝，切得越细越好。

3 把切好的鲍芹丝和胡萝卜丝在凉白开中浸泡10分钟。

4 将鲍芹丝和胡萝卜丝控干水分，放在盘中，调入香醋、花椒油、香油、美极鲜酱油和盐即可。

好吃又省事
酸奶红薯泥

🕐 **烹饪时间** 90分钟　　🍳 **难易程度** 简单

参考热量表

红薯400克…360千卡
酸奶100毫升…72千卡
混合坚果40克…202千卡
合计634千卡

主料
红薯400克 · 酸奶100毫升

辅料
混合坚果40克

做法

1　烤箱预热200℃；红薯洗净后用锡纸包好，两端稍微卷一下，防止糖汁流出、弄脏烤箱。

2　入烤箱烤大约70分钟，稍大的红薯要多烤一会儿。

3　烤好后剥皮，压成泥，稍微散散热气。

4　取一个平底小碗，将红薯泥盛入小碗中压实，反扣在盘子上。

5　然后把酸奶倒在红薯上，酸奶会流淌下来包裹住整个红薯泥。

6　最后撒上混合坚果就可以吃了。

烹饪秘籍

如果没有烤箱，也可以用蒸的方法，或者直接买一个烤好的红薯，再浇上酸奶也可以。

酸奶浇上去的那一刻，简直想为自己欢呼；全部吃完的那一刻，已经开始计划下次的烹制了。没错，就是这么好吃！最重要的是，制作极其简单，低卡又饱腹。烤红薯也要吃出仪式感和国际范！

蔬菜热量低，饱腹感强，做成沙拉食用，更加少油少盐。可以搭配自己喜欢的蔬果和不同味道的酱汁，可荤可素，用它来填饱肚子、补充能量也是没问题的。

漂亮的减脂沙拉

菜丝沙拉

🕐 烹饪时间 10分钟　　✋难易程度 简单

主料

圆白菜200克·胡萝卜30克
白洋葱30克

辅料

柠檬汁3毫升·沙拉酱30毫升
牛奶20毫升

参考热量表

圆白菜200克…48千卡

胡萝卜30克…10千卡

白洋葱30克…12千卡

沙拉酱30毫升…217千卡

牛奶20毫升…11千卡

合计298千卡

做法

1 圆白菜洗净后控干水分，切成小丁，静置备用。

2 胡萝卜洗净后刨细丝，剁成碎末，静置备用。

3 白洋葱洗净、去皮，先切丝，再切碎末，静置备用。

4 将三种蔬菜丁攥团，轻轻挤出多余水分。

5 将所有切好的食材放入一个大玻璃碗中，分次加入牛奶，拌匀。

6 然后加入沙拉酱，滴入柠檬汁，搅拌均匀即可。

烹饪秘籍

我们要选用丘比蓝瓶或者脂肪减半的沙拉酱，不要用红瓶，也不要用千岛酱，这样可以减少热量的摄入。

清淡去火的甜蜜小菜

桂花金橘拌山药

⏱ 烹饪时间 10分钟　🍳 难易程度 简单

主料

脆山药300克

辅料

糖渍桂花金橘20克

参考热量表

脆山药300克⋯171千卡
糖渍桂花金橘20克⋯49千卡
合计220千卡

常吃金橘可以让皮肤变得滋润有光泽，还可以去火清热；桂花可美容养颜、化痰止咳。酱汁酸甜清香，山药透亮清脆，夏末时分不要忘记吃这道甜蜜的小菜哦。

做法

烹饪秘籍

糖渍桂花金橘可以自制，做法很简单，将干净无水的金橘一切为二，和干桂花一起用白糖腌制，密封，常温下保存2周。金橘、干桂花和白糖的重量比例为5：4：1。

1　山药洗净后削皮，再次冲洗一下，切成细长的滚刀块备用。

2　烧适量开水，放入切好的山药，中火烧至再次沸腾后关火，捞出。

3　将山药放入凉白开中浸泡至全凉。

4　将糖渍桂花金橘中的金橘捞出，剁成小碎块，注意把金橘的核取出扔掉。

5　捞出山药，控干水分后放在盘子里，上面撒上切好的金橘碎。

6　再往山药上面倒糖渍桂花汁即可。

経典无人能敌

土豆沙拉

🕐 **烹饪时间** 30分钟　🍳 **难易程度** 简单

🥄 土豆虽然可以作为主食，但其实热量并不高，还能够降糖降脂、美容抗衰老。不管是减脂健身人群还是爱美人士，都可以放心大胆地吃土豆。

主料
土豆300克 · 无淀粉火腿50克
苹果80克

辅料
原味沙拉酱2茶匙 · 盐1/2茶匙

参考热量表

土豆300克···243千卡

无淀粉火腿50克···60千卡

苹果80克···42千卡

原味沙拉酱10毫升···72千卡

合计417千卡

做法

1 土豆洗净后去皮，切成1厘米见方的小丁，上锅蒸熟，但不要蒸得太软。

2 将蒸好的土豆置于通风处，使其自然晾凉。

3 在等待的过程中，将火腿切丁，苹果洗净、去皮、切丁备用。

4 最后将三者混合，加沙拉酱和盐拌匀即可。

烹饪秘籍

苹果可以现用现切，不然容易氧化，也可以切好后包一层保鲜膜，放冰箱冷藏起来，用的时候再取出来。

简单到极致
炒茄泥

🕐 **烹饪时间** 12分钟　👨‍🍳 **难易程度** 简单

🍳 小火把茄子炒到软烂成泥，做得淡一点就可以当主食来吃。茄子的含水量很高，热量低，容易产生饱腹感，在爱上火的秋冬季节多吃茄子，会帮助我们去火降燥。

主料
茄子600克

辅料
食用油1/2茶匙・蒜蓉5克
普宁豆瓣酱2茶匙・水淀粉1汤匙
盐1/2茶匙・香葱碎少许

参考热量表
茄子600克…138千卡
蒜蓉5克…6千卡
普宁豆瓣酱10克…18千卡
合计162千卡

做法

烹饪秘籍

茄子一定要凉水入锅，再煮开，这样茄子才不会变黑。

1 茄子洗净后去皮，切段。

2 煮锅中放适量凉水，放入茄子段，加盐，煮熟后捞出，控干水分。

3 取一炒锅，锅热后倒油，小火把蒜蓉炒香。

4 放入茄子、普宁豆瓣酱和半杯清水，开小火，用铲子反复翻炒、压扁茄子。

5 当茄肉都被压成茄泥时，倒入水淀粉，快速翻炒，不要糊锅。

6 关火，加盐调味盛出，撒少许香葱碎点缀。

谁说全素不好吃
全素莲藕汤

🕐 烹饪时间 80分钟　　🍲 难易程度 简单

参考热量表

莲藕200克…94千卡
白萝卜200克…32千卡
干香菇20克…55千卡
合计181千卡

主料

莲藕200克·白萝卜200克

辅料

干香菇20克·盐1/2茶匙·酱油1/2茶匙
香葱碎少许

做法

1　干香菇提前一夜用凉水泡发。

2　洗净香菇伞盖里的沙土，然后切粗丝。

3　莲藕和白萝卜洗净，去皮，切小滚刀块。

4　取一煮锅，烧适量水，放入莲藕和白萝卜，盖上锅盖，大火煮至莲藕变软。

5　然后放入香菇，中火煮1小时。

6　关火，加入盐和酱油调味，可撒少许香葱碎点缀。

烹饪秘籍

还有一种更省事的方法：把所有食材都放入电饭煲，煲1小时，最后调味即可。

一口锅就可以解决的简单料理，就算是厨房小白也可以煲出老火汤的味道。白萝卜能够帮助身体代谢水分，祛除水肿。这道汤没有添加任何肉类，但味道依然浓厚醇香，低卡健康又省力，减脂增肌的小伙伴可以多尝试。

吃出健康系列

西餐轻松做

懒人下厨房

烤箱料理

好吃懒做

懒人快手营养早餐

懒人下面条

花样烤箱料理
快捷 营养 美味

懒人健康菜

米饭最佳伴侣

米饭爱小炒

烘焙情书

好汤好菜

蒸炖煮一本全

不可一日无肉

零失败家常菜

回家吃饭

一碗好酱 一桌好菜

花样主食

鱼 我所欲也

原汁原味好吃蒸菜

清粥小菜

麻辣鲜香煲嘴川菜

意面和比萨

晚餐请吃七分饱

图书在版编目（CIP）数据

萨巴厨房. 诱人的减脂料理 / 萨巴蒂娜主编 . — 北京：中国轻工业出版社，2019.7

ISBN 978-7-5184-2481-8

Ⅰ.①萨… Ⅱ.①萨… Ⅲ.①减肥 — 食谱 Ⅳ.① TS972.12

中国版本图书馆 CIP 数据核字 (2019) 第 094962 号

责任编辑：高惠京　　责任终审：张乃東　　整体设计：锋尚设计
策划编辑：龙志丹　　责任校对：李　靖　　责任监印：张京华

出版发行：中国轻工业出版社（北京东长安街6号，邮编：100740）

印　　刷：北京博海升彩色印刷有限公司

经　　销：各地新华书店

版　　次：2019年7月第1版第1次印刷

开　　本：720×1000　1/16　印张：12

字　　数：200千字

书　　号：ISBN 978-7-5184-2481-8　定价：49.80元

邮购电话：010-65241695

发行电话：010-85119835　传真：85113293

网　　址：http://www.chlip.com.cn

Email：club@chlip.com.cn

如发现图书残缺请与我社邮购联系调换

181223S1X101ZBW